After Effects CC
影视特效设计与制作

主编：冯春燕

副主编：段兰霏　陈思　徐琳

中国国际广播出版社

本书系 2020 年山东传媒职业学院重点专业影视编导专业建设成果。

前　言

影视后期特效制作是影视创作的最后一个环节，影视作品的完美效果离不开影视后期特效的加工和美化。After Effects 软件是 Adobe 公司推出的主流后期特效软件之一，它不仅用于数字视频的后期制作以及影视广告的高级合成，还以多种形式应用于多媒体制作和互联网传播。

多年的教学经验和后期制作实践让编者注意到，虽然学生能够比较容易地掌握后期特效软件的操作，但是难以将后期特效技术糅合到作品创作中，让后期特效技术成为辅助作品叙事的视听手段。所以，本书的编者从影视后期特效与合成技术的原理出发，结合实践教学案例，再加上来自一线特效师的实践案例，编写了这本教材。实践案例能使学生熟练运用所学的软件操作，将技术操作和作品创作相结合，解决软件学习和实践创作脱节的问题。

针对传媒专业学习的特点，在编写教材时，编者将所有的知识点融化在实践案例中，让学习者迅速理解、掌握某一项操作技能可以实现哪些特效效果。同时，课后的"思考与练习"让学习者学会举一反三，思考某个特效效果要如何去实现，培养学生的特效创意能力。

本教材共有十一章，第一章主要介绍了影视后期特效与合成的相关概念和传统的特效合成手段。第二章至第十一章全面系统地讲解了 After Effects CC 的操作技法，辅以大量精心设计的实践案例，包括图层的基础操作、关键帧动画、二维合成与三维合成、文字与图形动画、抠像与遮罩、校色与调色、运动跟踪与画面稳定、内置滤镜与外挂滤镜、表达式与脚本、输出与渲染等内容。

本教材的特点是内容翔实、实用性强，理论与实践紧密结合，通过精选常用且实用的影视特效案例进行技术剖析和操作详解。本书由易到难、由浅入深，所有实例的操作步骤清晰、简明、通俗易懂，既适合作为各类院校影视传媒专业的基础课教程、数字媒体专业的方向课教程，以及计算机多媒体技术专业的教程，也适合作为影视特效制作爱好者的自学教程。

本书配套教学资源，提供了所有案例的素材文件、结果源文件和制作过程的多媒体教学视频，以方便读者使用。

本教材是编写人员集体智慧的结晶，是大家共同商讨、共同努力的成果。在编写过程中，刘夫申、李成晓、李安然、张洁、宋国辉等同学积极参与了课堂案例素材的设计和拍摄，在此一并感谢！

为了给读者呈现丰富的案例，本教材选取了部分影视作品的案例截图，因各种原因无法向每位创作者表示谢意，在此一并感谢！

本教材在编写过程中，还受到中国国际广播出版社的关注，得到了较大的支持和帮助。在教材的体例、撰写规范等方面，本书编辑给予了一定的指导，在此也一并感谢！

本教材虽然尽量做到完整、系统，但是因编者能力有限，书中难免存在不足之处，希望广大读者批评指正。

冯春燕

2020 年 11 月 10 日

目　录

第一章
影视后期特效与合成概述

本章学习目标

- 了解影视后期特效与合成的概念
- 了解影视后期特效与合成的发展历程
- 了解影视后期特效与合成的分类
- 掌握数字视频制作的基础知识

本章导入

　　随着计算机图形图像技术的发展，以及影视娱乐行业的不断发展和壮大，影视后期技术在影视创作中的作用越来越大。影视后期技术包括非线性编辑技术和后期特效与合成技术。本章，我们将了解影视后期特效与合成技术的相关概念和基础知识，让大家对影视后期特效与合成有一个初步的了解。

第一节　了解影视后期特效与合成

影视后期特效与合成包括了影视后期制作中的两个方面：特效制作与画面合成，下面我们分别了解一下它们的内容。

一、影视后期特效与合成的概念

（一）影视后期特效

影视作品中，通过人工手段或者计算机等数字手段拍摄及处理画面，从而制造出影像奇观，称为影视后期特效，也被称为影视特技效果。影视特效作为影视产业中不可或缺的元素，为影视的发展做出了巨大的贡献。影视作品中出现特效有以下两种情况。

一种情况是，影视作品中的生物或者场景是完全虚构的，在现实中不存在。例如，电影《捉妖记》中胡巴等各种妖怪、电影《阿凡达》中的潘多拉星球，等等。这些生物或者场景虽然是虚构的，但是需要在影视作品中呈现出来，所以需要借助于后期特效技术制作出来。

另一种情况是，影视作品中的内容在现实中是真实存在的，但是这些内容不适合实拍。例如，演员从三十层楼上跳下来、演员中枪、火山爆发、洪水肆虐、人兽搏斗，等等。这些画面实拍的危险性太大，可操作性不强，也需要借助后期特效来实现。还有一些画面可以实拍，但拍摄成本太高或者实拍效果不好，也需要用特效手段来解决。例如，在极端天气情况下的剧情表演、古装剧中千军万马的战争场面，等等。

可以说，影视后期特效使得影视创作中很多"不可能拍摄的画面"变成了可能，它的出现使得影视作品只有"想不到"，没有"做不到"，给观众不断地带来新的视听内容。

（二）影视后期合成

自从电影、电视出现以来，合成技术在影视制作的流程中成为必不可少的一个环节。合成就是通过各种操作把两个以上的源图像合并为一个单独的图像。合成的操作流程，首先需要通过各种操作使源图像适合于合成，然后再通过后期合成技术使多个源图像合并到一起。这个过程既有许多技术手段，又有许多艺术方面的选择，鉴别后期合成质量的最终标准是人眼，因为合成画面的最终目的是让观众观看，人眼对于画面的真实感有着本能的鉴别能力，一切技术原则最终都服从于这个原则。

二、影视后期特效与合成的发展历程

影视后期特效与合成技术自电影诞生之初就被运用到电影创作中。一开始，这些特效常常是在无意中被电影人发现的。例如，卢米埃尔在一次放映《拆墙》（1896 年）时，由于胶片没有放好，银幕上散落的砖头神奇地飞腾起来，变成了一堵完好的墙，拆墙变成了垒墙。这次小小的意外也导致了"倒放"特效的产生。后来，有人有意识地用到一部跳水电影中，让跳水的人神奇地从水里飞升到跳台上，令观众大呼神奇。随着电影的发展，很多导演开始有意识地运用影视特效与合成技术，让它们在影视作品中创造了一道道奇观。

影视后期特效与合成技术经历了从传统特效与合成技术到数字特效与合成技术的发展历程。

（一）传统特效与合成技术阶段

传统特效与合成技术划分为以下两个阶段。

第一阶段是 1894—1935 年，在这一时期，传统特效与合成技术诞生，并进入第一次创作高潮，影视特效由电影人无意中的发现变成一种有意识的创作。1895 年，摄影师阿尔弗莱德·克拉克在《苏格兰女王玛丽的行刑》中，使用了"停机再拍"技术，使观众在银幕上看到一个人的头被砍了下来，这样的技术尝试，也意味着电影特效的诞生。1902 年，乔治·梅里埃拍摄了《月球旅行记》，在这部电影中，他运用了很多特效技术，展示了地球人在月球的奇妙旅行，开创了科幻电影的先河。随后，《大都会》（1927 年）、《金刚》（1933 年）、《科学怪人的新娘》（1935 年）等影片都发明并运用了影视特效与合成技术，为观众呈现了一系列震撼人心的特效镜头。

图 1-1-1　电影《月球旅行记》　　　　图 1-1-2　电影《大都会》

　　第二阶段是 1936—1969 年，这一时期，传统特效与合成技术持续发展，经典作品不断涌现。经过初期阶段的探索和总结，电影人已经对"电影特效"一词有了更加深刻的认识。更重要的是，电影制作技术的发展将电影特效的品位送到了一个全新的台阶。人们对地球外太空的幻想也丰富了这一时期特效电影的内容。这一阶段，出现了《杰逊王子战群妖》（1963 年）、《2001 太空漫游》（1968 年）和《人猿星球》（1968 年）等经典之作，为电影特效的发展史增加了永久闪光的亮点。

图 1-1-3　电影《杰逊王子战群妖》

（二）数字特效与合成技术阶段

　　1970—1977 年，是数字特效与合成技术的萌芽阶段。数字化技术真正参与到影视剧的特效制作始于"星球大战"系列电影的第一部。乔治·卢卡斯构筑的星际帝国中有很多画面是传统特效无法实现的，因此，他成立了工业光魔特效工作室，并在这部电影中尝试使用计算机技术来制作其中的一些特效画面。这部影片在 1977 年上映，获得了巨大的成功，也标志着影视特效进入了新的时代——数字时代。

数字特效与合成技术也分为两个阶段。

第一阶段是 1978—1989 年。在这一时期，数字特效与合成技术开始出现并迅猛发展。在 20 世纪七八十年代短短的 20 年里，影视特效在全新的创作思路及计算机成像技术的全面革新下产生了翻天覆地的变化，同时，特效技术开始广泛应用到电视节目制作中。这段时间里，出现了"星球大战"系列、《超人》（1978 年）、《夺宝奇兵 1：法柜奇兵》（1981 年）、《深渊》（1989 年）等电影佳作，不但丰富了人们对奇观电影的观影需求，更让电影本身有了更广阔的发挥空间。

第二阶段是 1990 年至今，影视后期特效进入稳步前进、精益求精的阶段。世纪之交，电影特效已经显现出相当成熟的面貌，各种依靠特效而制造的场面宏大、精益求精的电影作品相继涌现，虽不及 20 世纪七八十年代那样种类繁多，却都有着各自无法比拟的特点。这当中，"指环王"系列的空前浩大成了电影史上的里程碑之作。更加奇妙的是，《指环王》还前所未有地出现了全 CG 技术制作的人物"咕噜"，其动作活灵活现、表情惟妙惟肖，似乎超过了片中所有真人角色的演技，堪称电影中的奇迹。同为魔幻题材的"哈里·波特"系列，硬朗火爆的"终结者"系列，令人费解的网络世界故事"黑客帝国"系列，无不体现出电影特效在成熟之后的巨大魅力。新的影视后期特效技术也被充分应用到电视节目、电视剧和电视广告的制作中。相信在未来的时光里，电影特效在技术和创作理念不断更新的基础上，还会为观众带来更多的惊喜。

三、影视后期特效与合成的分类

影视后期特效与合成技术分为传统特效与合成技术和数字特效与合成技术。

（一）传统特效与合成技术

传统特效与合成技术一般是指，在 20 世纪 70 年代计算机图形图像技术应用于影视特效之前影视中常用的特效合成手段，具体包括以下几个方面。

1. 特技摄影

特技摄影主要是采用停机再拍、顺拍倒放、逐格摄影、升格摄影、降格摄影、延时摄影等非常规摄影手段，实现特殊的影像造型。

法国人乔治·梅里埃是一位电影特效大师，他创作了一系列富有想象力的电影，诸如《月球旅行记》（1902）、《仙女国》（1903）等。一次偶然的拍摄事故使画面中的公共汽车变成了运灵柩的马车，梅里埃发现了停机再拍的奥秘。停机再拍，就是在拍摄时固定摄影机的方向和位置，中途关机，将被摄对象移走或做必要的更换，然后继续开机拍摄，一直到拍完这个镜头为止。这个方法可以得到某个对象突然变成另一对象的特殊效果。后来，停机再拍被很多导演运用到电影特效制作中，直到今天，仍然有很多人在使用这一拍摄手段实现各种各样的影视特效。

顺拍倒放在被卢米埃尔兄弟发现后，就经常被运用到电影特效的制作中，最著名的案例是在电影《十诫》（1956 年）里，摩西带领以色列人到红海，向海伸出手杖，红海便分开一条道路。在拍摄这场戏时，导演塞西尔·B.戴米尔用 24 罐大罐水从片场的斜坡上冲下来，形成两股水浪相撞的镜头，再倒过来放就形成了手杖把水分开的效果。

图 1-1-4　电影《十诫》中红海水面分开

逐格摄影是使用逐格马达，驱动摄影机一格一格地进行拍摄。在逐格拍摄的同时，将模型或者木偶每一帧都摆出略微不同的动作，最后形成连续的活动影像。逐格摄影一开始用在动画片的拍摄中，后来在很多电影中也大放异彩，如电影《迷失世界》（1925 年）、《金刚》（1933 年）、《杰逊王子战群妖》（1963 年）等。在《杰逊王子战群妖》中，每一帧先摆好骷髅战士和王子的打斗动作，再逐帧进行拍摄。值得注意的是，杰逊王子和他的伙伴的剑是动画创造的剑，而非真的剑。

升格摄影和降格摄影都属于变速摄影，通过改变拍摄速度取得特殊银幕效果。升格摄影在拍摄时，胶片运行速度高于每秒 24 格速率，根据银幕艺术效果的要求，可提高至每秒 48 格甚至 300 格。这样以正常的每秒 24 格速率放映时，可获得实际运行过程缓慢，甚至超慢速的效果，形成银幕上的"慢动作镜头"。

降格摄影在拍摄时，胶片以低于每秒 24 格速率运行，根据银幕效果的要求，速率可降至每秒 20 格、16 格以至 8 格或更少。这样拍摄的画面以正常每秒 24 格速率放映时，银幕上可获得比实际运动过程快的效果，形成"快动作镜头"。

延时摄影又叫缩时摄影，是一种将时间压缩的拍摄技术。它利用延时自动控制器，按照预定的时间间距进行定格摄影。在影视作品中，含苞待放的花朵顷刻之间吐艳盛开的画面就是根据自然规律和镜头长度的需要，预先规定每拍摄一格的时间间距，用自动控制器逐格进行拍摄而成的。当连续放映时，就出现花朵快速开放的过程。延时摄影能呈现出平时用肉眼无法察觉的奇异景象，如云卷云舒、日出日落等。

2. 模型特效

影视作品中的模型特效，既可以是搭建的大型（微缩）场景，也可以是制作的一些汽车、轮船等道具，或者是影片中的人物、动物、怪兽等生物类角色。影视作品应用模型特效基于以下几个原因：一是降低成本，观众在很多电影中看到的大型场景，如果按照实际尺寸搭建会非常费时费力，一些微缩的场景模型就可以解决这一问题，如电影《金刚》（1933 年）里纽约城的一些镜头就是利用纽约的微缩模型来拍摄完成的；二是规避拍摄中的危险，如火山爆发、汽车相撞、洪水决堤等自然现象或者人为灾难画面用模型来完成既省钱又不会出现危险；三是运用模型来呈现现实中不存在的场景或者生物，如电影《金刚》（1933 年）里的大猩猩金刚及恐龙等生物都是采用模型来制作完成的，《杰逊王子战群妖》（1963 年）中的骷髅战士也是模型制作的，

《星球大战 4：新希望》（1977 年）中"死星"的外观镜头也是由模型拍摄完成的。

当模型需要移动时，可以通过下列几种方式：用手、使用机械装置或者用电来使它们移动。运用手工来移动它们需要很长时间，因为模型在银幕上1 秒内的活动，至少有 24 个动作。

3. 透视接景

透视接景是把绘画、照片或者模型等影像元素，按照透视原理设置在摄影机和实际景物之间，通过拍摄跟实际景物合成在一起的一种特效方法。透视接景多采用绘画接景、模型接景、镜子接景等方式，其中绘画接景应用最为广泛。

绘画接景又称为透明遮罩绘景，是起源于早期默片时代的电影特效手法。它的工作流程是绘景师先在电影摄像机前放置一大块透明玻璃，上面绘有场景——一片装饰奢华的天花板、白雪皑皑的山脉、一座哥特式城堡，甚至一个异星世界；玻璃上需留出透明未画的区域，在这个区域拍摄演员的表演，当然演员在表演时也必须想象着自己已经置身于绘景师所描绘的场景里；然后，将栩栩如生的"新"镜头捕捉到底片之中。

4. 特效化装

特效化装可以通过化装技术，再结合一些道具的使用，创造出异于人类的生物或者物体。例如，电影《画皮 II》（2012 年）中，小唯在露出狐妖的真身时，就是通过演员化装实现的。

5. 烟火特效

在战争片和动作片中，可以用烟火特效来模拟爆破、炸裂等烟火效果。在一些神怪片和科幻片中，烟火特效常用来制作烟雾等效果。例如，在电视剧《西游记》（1982 年）中，经常使用烟雾制作天宫云雾缭绕的场景。

6. 悬挂特效

在影视作品中，常常需要演员从高空飞到地面，或者在空中做打斗等动作，这些镜头常常借用悬挂特效来实现。具体来说，就是使用绳索或者威亚，并借助升降移动设备，实现人物在空中飞翔等高难度动作。

7. 多次曝光

多次曝光是在一个胶片上采用两次或者多次独立曝光，然后把多次拍摄的画面重叠起来，组成单一镜头的技术方法。在多次曝光技术中，最常用的是遮挡法多次曝光，具体操作是先遮挡镜头的一部分拍摄一次画面，然后再遮挡镜头的另一部分拍摄其他画面，在洗印时把两个画面同时曝光到一张底片上。

8. 放映合成特效

放映合成特效就是使用一台放映机播放已经拍摄好的画面，然后将演员或者模型放置在投射银幕之前，同时使用一台摄像机把银幕上的画面和演员或者模型拍摄下来，从而将这些元素合成在一起。它需要同时使用一台放映机和一台摄影机，并且这两台机器要连锁同步。

9. 光学印片合成技术

光学印片合成技术，就是把拍摄在不同胶片上的模型、动画、字幕等内容和实景画面通过光学印片机合成在一个胶片上，使它们存在于一个镜头里。例如，分别拍摄人和凶猛的动物，然后使用光学印片机让两者出现在一个画面里。光学印片合成技术，还可以使用活动遮片，实现画面修饰、光学变焦、去除画面中的钢丝和蓝绿背景等效果。

除了上述方法之外，传统的特效与合成技术还有很多，很多传统的特效合成技术仍旧广泛应用在当前的影视特效创作中。

（二）数字特效与合成技术

数字特效与合成技术是在数字技术出现后，由数字技术和传统特效技术相结合产生的一种新的影视特效制作方法。

1. 三维特效

三维特效就是通过计算机图形图像技术，来创建三维物体、三维空间、三维动画等数字化虚拟影像。计算机虚拟的三维影像虽然是不真实的，却是对现实的再现或者重构和创造，所以它们在造型、光影和色彩方面都无限地接近现实，让观众真假难辨。

三维特效一般是由三维动画软件来制作完成的，具体的工作流程包括建模、贴图、纹理与材质、灯光、动画以及渲染。

（1）建模。

计算机三维建模是采用由点生成线、由线生成面，进而由面生成体的构造方式，创建三维模型。

（2）贴图、纹理与材质。

为了使三维模型能真实地反映出物质的色彩与质感，需要给模型的表面附上材质，通过给模型贴图和设置纹理就可以实现。

（3）灯光。

在三维软件里为模型添加灯光，并设置灯光的位置、颜色、衰减、方向、强度等参数，从而使三维模型产生投影、反光等在现实世界的真实光线照射效果。

（4）动画。

为三维模型设置动画效果，从而让它具备运动效果。同时，还要测试它与其他动画效果、背景、其他元素合成到一起的动画效果。

（5）渲染。

渲染就是把三维模型以序列格式的形式输出，从而在合成软件中跟其他实拍镜头合成在一起。

2. 合成特效

合成特效是运用计算机图像学的原理和方法，将多种源素材采集到计算机里，并用软件将其无缝合成在一个画面里，然后输出到磁带或者胶片上的过程。它包括调色、抠像、遮罩和运动追踪等。

（1）调色。

由于合成的镜头是在不同的时间和环境下拍摄的，所以在色调、明暗方面都存在差异，调色就是通过调整不同画面的色调、饱和度和明暗度对画面的颜色进行校正、调整和修补，使需要合成的画面在色调方面协调一致，从而使它们合成时成为一个有机的整体。

（2）抠像。

在抠像之前，一般会让拍摄对象在蓝幕或者绿幕前拍摄，然后利用抠像技术去除蓝绿背景，将带有透明通道的拍摄对象跟其他背景合成在一起。

（3）遮罩。

遮罩与抠像类似，也是一种让画面产生透明通道的方法，利用遮罩可以让画面中的某一部分透明，然后将剩下的部分跟其他画面进行合成。

（4）运动追踪。

运动追踪可以追踪画面中运动物体的行动轨迹，并将这些运动数据赋予其他的物体，使两者具有相同的运动轨迹。

3. 数字绘景

数字绘景从透视接景发展而来，是指用计算机绘画手段绘制实地搭建过于昂贵或难以拍摄到的景观、场景或远环境。例如，电影《指环王》三部曲大量运用数字绘景创建中土世界里的场景，典型的数字绘景运用还有电影《加勒比海盗》《星球大战》《金刚》《终结者》等。

4. 动作捕捉技术

它的技术原理是在运动物体的关键部位设置跟踪器，由 Motion Capture 系统捕捉跟踪器位置，再经过计算机处理后得到三维空间坐标的数据，并将这些数据赋予虚拟的模型，使其逼真地运动起来。

2012 年由詹姆斯·卡梅隆导演的电影《阿凡达》全程运用动作捕捉技术完成，实现了动作捕捉技术在电影中的完美结合，具有里程碑式的意义。动作捕捉技术还广泛应用于动画制作，极大地提高动画制作的水平和效率，降低成本，而且使动画制作过程更为直观，效果更为生动。

四、影视后期特效与合成的应用领域

目前，影视后期特效与合成技术广泛应用于电影和电视剧创作中，除了用来制作影片中的特效镜头外，影视剧的片头、片尾、宣传片花等也都会使用后期特效与合成技术，增强画面的可看性。

后期特效与合成技术还经常应用在影视广告的制作中，主要用在广告定版画面的多元素合成中。当然，也有一些广告会在画面内容中使用特效合成技术。

影视栏目包装包括栏目的片头、片尾和片花的设计，它的很多画面是由没有联系的物体组合而成，常常要使用合成技术。除此之外，在很多综艺节目中，出现了越来越多的花字幕和图形动画，这些也是通过影视后期特效来完成的。

后期特效与合成技术还广泛地应用在动画领域，具体包括动画电影、电视动画片、动感电影、网络游戏等。

五、国内外影视特效公司掠影

代表世界顶尖水平的影视特效公司有好莱坞的工业光魔、新西兰维塔公司和日本的索尼影业等，近 20 年中无数震撼人心的大片大多由这几家公司完成。

工业光魔由乔治·卢卡斯于 1975 年创立，创立的初衷是完成《星球大战》第一部中的特效镜头，后来逐渐成为世界顶尖的特效公司，开创了特效制作的新时代，最先将动作捕捉、数字角色、变形、人类皮肤贴图、虚拟毛发等技术带入电影制作中。工业光魔的代表作有"星球大战"系列、《变形金刚》、《加勒比海盗》、《终结者》、《侏罗纪公园》等。最为经典的作品有《侏罗纪公园》中的史前恐龙和《加勒比海盗》中的章鱼脸等。

新西兰的维塔公司由彼得·杰克逊创立，代表作有"指环王"系列、《阿凡达》、《金刚》（2005 年）等。咕噜和金刚基本代表了业内最高水准形神俱备的 CG 生物。维塔公司还有一个影响非常大的成就，就是开发了群组动画工具 MASSIVE，通过 MASSIVE 软件创造了《指环王》中千军万马史诗般的混战。维塔公司旗下有两个部门：一个是维塔工作室，负责实景制作，其业务范围包括专业道具造型和修补、生物道具制作、盔甲武器制作、微雕、大型场景、布景和服装等制作；另一个是维塔数码，负责电影特效制作。

中国香港地区比较知名的特效公司是先涛数码，成立于 1987 年，创始人是朱家欣。先涛数码的第一部运用数字特效的电影是《人间有情》，使用动画手段再现了 20 世纪 40 年代的香港街道和地方特色。在其后的《风云雄霸天下》中，使用了拉蓝幕、添加数码绘景、数字技术调色、纯 CG 技术制作角色"火麒麟"等技术，为观众呈现了香港电影从未有过的视觉效果。此后，先涛数码在多部电影中的制作更为成熟，《杀死比尔》《功夫》等都是它的代表作。

20 世纪 80 年代末到 90 年代初，数字技术被引进到中国内地的影视制作中，20 世纪 90 年代中后期，大型电影厂、各省级以上电视台、清华大学、北京电影学院等纷纷引进国外最新的数字影视制作设备（硬件、软件），数字影视制作得到蓬勃发展。步入 21 世纪后，国内数字影视制作行业不断壮大，制作技术和水平逐步接近国外先进水平。但是，项目制作规模和预算与国外相比，还存在较大差距，整个行业还不够成熟。

中国内地较为知名的特效公司是华龙电影数字制作公司，它隶属于中影集团，大部分电影的后期制作都是在华龙完成的。《天下无贼》《天地英雄》《孔雀》等电影中的特效制作都出自该公司，它除了参与电影特效制作外，还进行了一些动画项目的制作。

六、常用的后期特效合成软件

后期特效合成软件有很多种，可以根据它们的应用范围分为电影级别和电视级别。

电影的特效镜头是非常炫丽的，有些镜头的逼真程度让观众难以分辨。电影级别的特效软件功能都非常强大，一般来说，Shake、Nuke、MAYA、Houdini、Silhouette 等软件经常用于电影特效的制作中。值得注意的是，在一部电影中，往往会用到好几款特效软件分别应对不同的特效种类。有实力的公司还会针对某部电影开发专门的特效软件，做出自己最想要的效果。

Shake 是 Apple（苹果）公司出品的数字合成系统，是电影级别的后期特效软件，自诞生以来一直受到获得奥斯卡特效奖的艺术家的青睐。

电视剧、网剧和电视栏目中的特效制作与包装，经常使用 After Effects、Combustion、Digital Fusion、3DS MAX、C4D、Shake 等软件。当然，电影级别和电视级别的特效软件并非泾渭分明，有些电影中的部分特效，也会用到 After Effects 等软件。

Inferno/Flame/Flint 是加拿大 Discreet 公司在数字影视合成方面推出的系列专业级合成软件，是当前影视特效制作的主流系统之一。Combustion 是 Discreet 公司推出的 PC 平台产品，它充分吸取了 Inferno/Flame/Flint 系列高端合成软件的长处，在 PC 平台就能够实现非常专业的数字影视合成制作，因此成为当前 PC 平台的主流数字合成软件之一。

After Effects 是 Adobe 公司出品的 PC 平台数字合成软件，主要用于电视剧特效、影视片头特效、栏目包装特效、广告片或者企业宣传片包装等。After Effects 适用于从事设计和视频特效的机构，包括电视台、动画制作公司、个人后期制作工作室及多媒体工作室等，在新兴的用户群，如网页设计师和图形设计师中，越来越多的人在使用它，因此它是当今世界上应用领域最广、使用人数最多的影视特效与合成软件之一。而且，它跟 Adobe 公司出品的 Photoshop、Premiere 等软件有很强的兼容性。

Digital Fusion 是加拿大 Eyeon 公司推出的 PC 平台的合成软件，它以节点流程方式进行影像合成，即每进行一步合成操作都要调用相应的功能节点，若干节点构成一个流程，从而完成整个合成操作。这种方式与 After Effects 以图层方式进行影像合成的方式截然不同，但是逻辑性强，能够实现非常复杂的合成效果。

第二节　数字视频基础知识

一、电视制式

电视制式是电视信号标准的别称。目前，世界上主要有 3 种制式，分别为：PAL 制式、NTSC 制式和 SECAM 制式。

PAL 制式主要应用地区为中国内地和新加坡等。它规定标清分辨率的画幅尺寸是 720×576 像素，帧速率是 25 帧 / 秒，画幅长宽比是 4∶3 或 16∶9。

NTSC 是由国际电视标准委员会规定的彩色电视广播标准。它广泛用于北美、日本和南美的许多国家，规定帧速率是 30 帧 / 秒。

SECAM 是顺序传送彩色与记忆制，是法国、俄罗斯和部分东欧及非洲国家采用的电视制式。它和 PAL 制式有着相同的垂直分辨率和帧速率，但是 SECAM 制式的色彩是调频信号调制的。

二、帧和帧速率

帧是视频图像的基本组成单位，一帧就是一张静止的画面。

视频是由一系列单独的静止图像组成的，每秒连续播放静止画面，利用人眼的视觉暂留现象，使人产生画面中对象连续运动的感觉。

帧速率是每秒播放的帧数，一般帧速率在 24 到 30 之间，画面才会产生平滑和连续的运动效果。

三、像素和分辨率

像素是显示器成像的最小单位，可以把像素理解成一些小点，放大显示器，我们会看到图像就是由一些颜色不一的小点组成的，所以才会有了像素越高，图像越清晰的说法。

像素的宽高比就是单个像素点的宽度与高度之比。对于计算机制作的视频来说，像素宽高比是 1：1，也称为方形像素。对于电视设备，则不是正方形像素，是矩形像素。

分辨率是指图像中包含像素的数量，也称图像清晰度。将屏幕想象成一个大棋盘，水平和垂直方向的像素数量就是分辨率。例如，PAL 制式标清视频的分辨率是 720×576，屏幕水平方向有 720 个像素，垂直方向有 576 个像素。

画幅的长宽比是指视频每一帧的宽度与高度之比，常见的画幅长宽比有 4：3 和 16：9 等。

四、扫描方式和场

扫描方式分为逐行扫描和隔行扫描。通常情况下，逐行扫描（Progressive）用"p"表示；隔行扫描（Interlaced）用"i"表示。

显示器在成像时，扫描线从上到下按顺序 1、2、3、4、5、6、7……扫描，一次完成一帧图像的显示，这样的扫描方式称为逐行扫描。

一幅图像如果分两次扫描，第一次扫描 1、3、5……奇数行，第二次扫描 2、4、6……偶数行，奇数行和偶数行的图形组合起来，构成一幅完整的图像，这种扫描方式被称为隔行扫描。

逐行扫描比隔行扫描拥有列稳定显示效果，经逐行扫描出来的画面清晰无闪烁，动态失真较小。

场是隔行扫描的产物，由上到下扫描一次叫作一个场，将先扫奇数行的场称为奇数场，先扫偶数行的场称为偶数场。

由于场的存在，就有了场序的问题，就是显示一帧图像时先显示哪一场。不同的系统有不同的设置。例如，DV 视频采用的是下场优先，而 Matrox 公司的 DigiSuite 套卡采用的是上场优先。影片渲染输出时，场序设置不对就会产生图像的抖动，在后期制作中可以更改场序。

五、高清电视

高清晰度电视是在电视信号的制作、播出和接收全过程都使用数字技术的数字电视系统。国际电联给高清电视的定义是"高清晰度电视应是一个透明系统，一个正常视力的观众在距该系统显示屏高度的三倍距离上所看到的图像质量，应具有观看原始景物或表演时所得到的印象"。所以，高清电视水平和垂直清晰度是常规电视的两倍左右，并且配有多路环绕声。

数字高清电视有 1080i 和 720p 两种标准：1080 和 720 表示的是每帧的有效扫描行数，i 表示隔行扫描，p 表示逐行扫描。高清电视的画幅比为 16∶9，声音支持 5.1 环绕立体声系统。

高清电视常见的三种分辨率，分别是 720p：1280×720，逐行扫描，又被称为小高清；1080i：1920×1080，隔行扫描；1080p：1920×1080，逐行扫描，又被称为全高清。

六、2K 和 4K 数字视频

随着技术的发展，在数字视频领域又相继出现了 2K、4K、8K 等超高清视频，它们的画幅尺寸更大，图像清晰度更高。

2K 视频水平方向每行像素值接近 2560 个，主流 2K 视频的分辨率一般为 2560×1440，其他的分辨率尺寸，如 2048×1536、2560×1600、2560×1440 也可以作为 2K 视频的一种。

4K 视频水平方向每行像素值接近 4096 个，多数情况下特指分辨率为 4096×2160 的视频。其他的分辨率尺寸，如 4096×3112、3656×2664、3840×2160 等，也属于 4K 视频的范畴。

8K 视频的分辨率一般为 7680×4320。

七、比特率

比特率表示每 1 秒的视频可以用多少个二进制比特来表示。通常比特率越高，压缩文件就越大，但图像中获得保留的成分就越多，清晰度就越高，它的单位一般是 bps。

八、压缩率

压缩率是描述压缩文件效果的名词，指源文件和压缩文件之间的比率。压缩率一般是越小越好，但是压得越小，解压所需时间越长。压缩比越小，图像损失越大，但是文件占用的空间就越小。

九、常见的视频标准与格式

（一）AVI 格式

该格式下，视频和音频以交错的方式储存。这种格式最大的特点是图像质量高，采集原始模拟视频时，用不压缩的方式可以获得最优秀的视频图像，但缺点是占用空间过大，且压缩标准不统一。

（二）MPEG 格式

它是一种国际通用视频压缩标准。压缩力度大，最大压缩比可达到 200∶1。MPEG 的主要标准有 MPEG-1、MPEG-2、MPEG-4。其中，MPEG-4 是为了播放流媒体的视频而专门设计的。

MPEG-2 是 DVD 压缩标准，针对 3Mbps—10Mbps 的影音视频数据编码标准，采用 4∶2∶0 或 4∶2∶2 或 4∶4∶4 抽样，最高分辨率为 1920×1080，支持 5.1 环绕立体声，有效用于隔行扫描和逐行扫描视频编码。这种视频格式的文件扩展名包括 .mpg、.mpe、.mpeg、.m2v 及 DVD 光盘上的 .vob 文件等。

（三）WMV 格式

WMV 是 Windows Media Video 的缩写，也是微软推出的一种采用独立编码方式并且可以直接在网上实时观看视频节目的文件压缩格式。

（四）MOV 格式

它是 Apple 公司开发的一种音视频文件格式，主要提供网络的制作、播放和流式传送视频和音频，是一种优良的音视频编码格式。

（五）流媒体格式

流媒体是指采用流式传输的方式，在网络上及无线网络上进行实时的、无须下载等待的播放技术。

移动流媒体是在移动设备上实现的视频播放功能，一般情况下，移动流媒体的播放格式是 3GP 格式。

（六）H.264 格式

H.264 能以较低的数据速率传送基于联网协议（IP）的视频流，在视频质量、压缩效率和数据包恢复丢失等方面，超越了现有的 MPEG-2、MPEG-4 视频通信标准，更适合窄带传输。

本章小结

本章我们了解了影视后期特效与合成的相关概念和发展历程，认识了影视后期制作中常见的特效合成技术和特效合成软件，并学习了数字视频制作的相关基础知识。理解并掌握这些知识，有助于我们在学习后期特效合成软件时，更快速地上手。

思考与练习

1. 从《阿凡达》《星球大战》《极地营救》等电影中挑选一部，通过调研互联网资料，分析这部电影中的特效镜头是如何制作的。

2. 利用停机再拍、顺拍倒放、延时摄影、逐格摄影等传统特效摄影方法，拍摄并制作一个特效镜头。

第二章
初识 After Effects

本章学习目标

- 了解 After Effects 的操作界面
- 掌握创建项目和合成的方法
- 掌握素材的导入和管理
- 掌握图层的基础操作
- 掌握 After Effects 的渲染输出

本章导入

　　本章将带领大家了解 After Effects 这款特效与合成软件，初步学习 After Effects 的操作界面、项目与合成的创建、图层的基础操作和项目的渲染输出等内容，学会使用 After Effects 进行图层的简单合成。

第一节　After Effects 的操作界面

打开 After Effects，首先进入它的开始界面。开始界面的中间显示的是之前编辑过的项目，可以从中选择一个继续进行编辑，也可以在左侧点击"新建项目"按钮，创建一个新的项目，或者点击"打开项目"按钮，打开之前保存的项目，如图 2-1-1 所示。

图 2-1-1　After Effects 的开始界面

从开始界面选择一个项目后，单击它，正式进入 After Effects 的操作界面。操作界面由一个标题栏、一个菜单栏和众多窗口组成，默认情况下，界面上呈现的都是常用的窗口，其他窗口可以通过菜单命令"窗口"打开。

操作界面的最上方是标题栏，记录了项目的名称和保存位置。标题栏的下方是菜单栏，包含了软件全部功能的命令操作，如图 2-1-2 所示。

图 2-1-2　After Effects 的操作界面

一、项目窗口

项目窗口主要用来放置从外部导入的素材，如视频素材、音频素材和图片等。除此之外，在软件中创建的合成和其他类型的图层也会放置在该窗口。在项目窗口可以清楚地看到每个文件的类型、尺寸、时间长短、文件路径等，当选中某一个文件时，可以在项目窗口的上部查看对应的缩略图和属性。

项目窗口的下方还有一些按钮，从左至右依次是解释素材、新建文件夹、新建合成和垃圾桶，可以对该窗口的素材进行管理。

二、合成窗口

合成窗口跟图层窗口、素材窗口经常放在一起，但是它们显示的内容是不同的。素材窗口显示的是项目窗口中的素材。合成窗口显示的是时间线窗口所有图层经过特效处理后的合成画面。图层窗口显示的是合成中某个图层的内容。这三个窗口不仅具有预览功能，它们的下方还有一行按钮，实现设置入点 / 出点、缩放窗口比例、显示当前时间、显示分辨率、设置视图布局等操作。

三、时间线窗口

它是 After Effects 中最重要的一个窗口，可以精确地设置合成中各图层的位置、时间、特效和属性等。After Effects 采用层的方式来进行影像的合成，时间线窗口可以包含多个合成，每个合成可以放置多个图层。时间线窗口上方有一排开关，结合图层的开关对层进行各种控制，当把鼠标放在这些开关上时，会显示这些开关的名称，如图 2-1-3 所示。

图 2-1-3　时间线窗口及其上方开关

时间表：可以直接输入数值，从而快速将时间指针定位到某个时间上，按住 Ctrl 键，可以将其切换为帧模式。

快速搜索窗口：可以输入关键词，把某个图层快速查找出来。

合成微型流程图：在多个合成嵌套的情况下，可以快速切换到某个合成，快捷键是 Tab。

3D 草图：打开该按钮，可以屏蔽灯光的阴影、灯光的照射和摄像机的景深，更快捷地进行 3D 摄像机动画。

消隐开关：是一个隐藏总开关，跟图层的消隐开关结合使用，隐藏图层。

帧混合：启用该功能，会使应用了快动作或慢动作的运动画面播放更流畅。

运动模糊：结合图层的运动模糊开关，为图层设置运动模糊效果。

图表编辑器：可以打开修改关键帧动画的贝塞尔曲线编辑器。

四、工具栏

工具栏存放了经常使用的工具，包括选取工具、手型工具、缩放工具、旋转工具、统一摄像机工具、向后平移（锚点）工具、矩形工具、钢笔工具、文字工具、画笔工具、仿制图章工具、橡皮擦工具、Roto 笔刷工具和操控点工具，如图 2-1-4 所示。当选中某个工具时，它就会加亮显示为蓝色。

图 2-1-4　工具栏

注意：有些工具按钮不是单独的按钮，在右下角有三角标记的都含有多种工具选项。

五、效果和预设窗口

效果和预设窗口存放了 After Effects 的内置滤镜，这些滤镜跟"效果"菜单列出的滤镜是一样的，除此之外该窗口还存放了系统自带的预设滤镜效果，这些滤镜都可以调用给图层，如图 2-1-5 所示，各个滤镜按照功能放在不同的文件夹里。

图 2-1-5　效果和预设窗口

六、效果控件窗口

效果控件窗口是 After Effects 非常重要的一个窗口，主要对图层上添加的滤镜进行参数的设置和关键帧动画的设置，如图 2-1-6 所示。

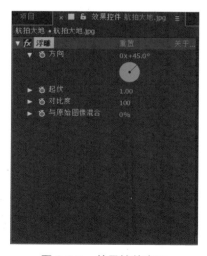

图 2-1-6　效果控件窗口

七、预览窗口

它的主要功能是控制合成画面的播放或者寻找合成中某一帧画面。

八、音频窗口

它的主要功能是显示播放影片的音量级别，还可以调节左右声道的音量。

九、信息窗口

它是一个显示窗口，可以显示图层的颜色、不透明度、坐标、通道参数等信息。

十、自定义工作区

打开窗口菜单，可以在菜单列表栏看到很多窗口，前面打钩的窗口是目前出现在操作界面的窗口，如果想把某个窗口调到操作界面，只需要在它前面打钩即可，如图 2-1-7 所示。

图 2-1-7　菜单命令中的各个窗口

操作界面各个窗口的位置是可以用鼠标进行移动和重新组合的，当我们调整好一些窗口的排列时，可以执行菜单命令"窗口 > 工作区 > 另存为新工作区"把它保存起来，供以后调用；也可以执行菜单命令"窗口 > 工作区 > 标准 / 效果 / 绘画"，调用系统自带的工作区模式。如果不小心把操作界面的窗口调乱了，可以执行菜单命令"窗口 > 工作区 > 重置为已保存的工作区"，重置当前操作界面。

第二节　创建项目和合成

一、创建项目

当我们打开 After Effects，开始做数字特效时，首先需要创建一个项目。项目相当于一个管理文件，用于管理我们在其中创建的合成和使用的素材。

（一）新建项目

新建项目的方法有多种，如图 2-2-1 所示。

一是在开始界面，单击"新建项目"按钮，可以在进入软件之前就创建一个项目。

二是执行菜单命令"文件 > 新建 > 新建项目"，可以创建一个项目。

三是执行快捷键 Ctrl+Alt+N，也可以快速地创建一个项目。

图 2-2-1　使用菜单命令新建一个项目

（二）项目的参数设置

执行菜单命令"文件 > 项目设置"，打开"项目设置"对话框，对项目的时间码、帧数、颜色等进行参数设置，如图 2-2-2 所示。

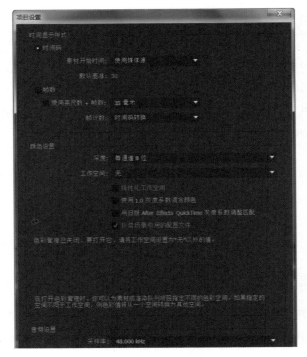

图 2-2-2 项目设置对话框

执行菜单命令"编辑 > 首选项",打开项目的"首选项"对话框,对项目在具体操作时进行更多的参数设置,如设置项目自动保存的时间、设置导入项目中的图片时长、设置项目自动缓存的磁盘位置等,如图 2-2-3 所示。

图 2-2-3 项目首选项设置对话框

（三）项目的保存与打开

1. 项目的保存

可以在"首选项"对话框为项目设置自动保存，除此之外，还可以通过菜单命令对项目进行手动保存。

执行菜单命令"文件 > 保存"或者"文件 > 另存为"，在弹出的对话框为项目设置好名称和保存的路径，就可以保存当前的项目，如图 2-2-4 所示。

注意：软件开启后，会自动创建一个无标题项目，这时需要先保存好项目并为它命名，再对项目进行其他的操作。

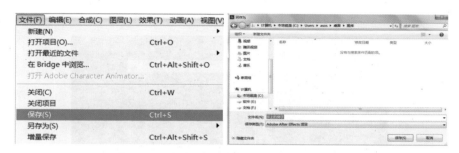

图 2-2-4　保存项目的菜单命令和设置对话框

2. 项目的打开

执行菜单命令"文件 > 打开项目"或者"文件 > 打开最近的文件"，就可以打开之前保存过的项目。

技巧：After Effects 在每次操作时只允许打开一个项目文件，所以当打开其他项目时，当前的项目必须要关闭，注意关闭它时，对它进行保存。

二、创建合成

合成可以理解为项目的一个创作单元，一个项目可以有一个合成，也可以有多个合成，这个数量取决于项目操作的复杂程度。不同类别的图层放置到合成里，就可以完成多个图层的合成效果。

（一）新建合成

新建合成的方法有多种。

一是执行菜单命令"合成 > 新建合成"。

二是使用快捷键 Ctrl+N。

三是在时间线窗口没有任何合成的情况下，直接把项目窗口的素材拖放到时间线窗口上，软件会自动生成一个尺寸、帧速率等参数与素材一致的新合成。

四是直接把素材拖放到项目窗口下方的"新建合成"按钮上，软件也会自动生成一个尺寸、帧速率等参数与素材一致的新合成。

（二）合成的参数设置

当执行了上述 4 个操作后，会打开"合成设置"对话框，在这个对话框里，可以设置合成的名称、画幅尺寸、帧速率、持续时间等，如图 2-2-5 所示。

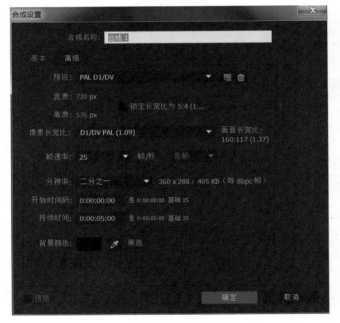

图 2-2-5　合成设置对话框

合成设置对话框提供了多种预设，既有 PAL 制式，也有 NTSC 制式的标清视频格式，除此之外还有各种高清视频预设可供选择。选择某种预设后，下方的宽度、高度、像素长宽比、帧速率等参数值会匹配这个预设的具体数值。如果这些预设都无法满足需要，还可以选择"自定义"，自由定义画幅的宽高、帧速率等参数。

如果要创建一个标清格式的合成，一般选的预设是 PAL D1/DV，它的具体参数是 720（宽）×576（高）像素，像素长宽比是 1∶1.09，画面长宽比是 4∶3，帧速率是 25 帧/秒。

如果要创建高清格式的合成，一般选择 HDTV 1080 25，它的具体参数是 1920（宽）×1080（高）像素，像素长宽比是 1∶1，画面长宽比是 16∶9，帧速率是 25 帧/秒。

分辨率是可变的参数，当合成中有大量特效时，如果还选择高分辨率的显示方式，合成预览的速度会变慢，因此可以选择二分之一、三分之一等分辨率，当然输出的时候要选择最高的分辨率。

开始时间码一般采用默认设置，从 0 开始计算。持续时间不宜设置过长，尽量不要超过 1 分钟。合成的背景颜色一般采用默认的黑色。

（三）合成的嵌套

当创建好合成后，它会被存放在项目窗口，双击它最左侧的图标就可以在时间线窗口打开该合成。如果把项目窗口的一个合成拖放到时间线窗口的另一个合成里，这个操作就被称为合成的嵌套。当一个合成被嵌套到另一个合成里，它就成为该合成的一个图层，拥有图层的各种属性，我们也可以对它进行图层的所有操作，如图 2-2-6 所示。

图 2-2-6　合成"远山"被嵌套到合成"拉镜头"里

技巧：如果想对被嵌套的合成里的图层再次进行修改，可以在时间线窗口双击该合成，进入它的编辑界面，对它的各个图层进行操作即可。

第三节　素材的导入和管理

一、After Effects 支持的素材格式

视频、音频、动画、图片，以及 Photoshop、Maya、C4D、Adobe Illustrator 等软件的工程文件都可以导入 After Effects 中进行合成，我们列出了 After Effects 支持的常见素材格式，如表 2-3-1 所示。

表 2-3-1　After Effects 支持的常见素材格式

类型	支持的格式
视频	MP4、AVI、MOV、MPEG、WMV、SWF 等格式。
音频	MP3、WAV、AIFF 等格式。
图片	JPEG、PNG、PSD、BMP、GIF、TIFF、AI 等格式。

二、素材的导入

（一）导入单个素材的方法

After Effects 导入单个素材的方法有很多，常用的方法有以下几种。

一是双击项目窗口的空白处。

二是执行菜单命令"文件 > 导入"。

三是按下快捷键 Ctrl+I。

执行上述三种操作都可以打开"导入文件"对话框，在对话框里选择需要的素材，再点击"导入"按钮，就可以把单个素材导进来了，如图 2-3-1 所示。

在"导入文件"对话框，配合使用 Shift、Ctrl 等快捷键可以选择多个素材，实现多个文件的导入，也可以将多个素材放在一个文件夹里，点击"导入文件夹"按钮，把整个文件夹导入进来。

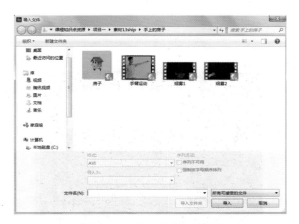

图 2-3-1　导入文件对话框

（二）导入序列图片的方法

如果要导入的素材是序列图片，那么在"导入文件"对话框，选中序列图片的第一个文件，勾选 "序列"前面的复选框，就可以把序列文件导入，如图 2-3-2 所示。

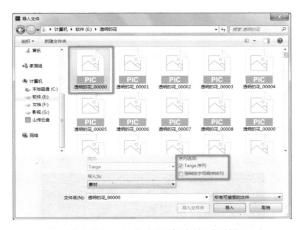

图 2-3-2　导入序列图片的对话框

（三）导入 PSD 格式的文件

PSD 格式的文件是 Photoshop 的工程文件，往往包含多个图层。在 After Effects 中，可以导入 PSD 文件中的某个图层，也可以把所有图层以一个合成的形式导入，如图 2-3-3 所示。

图 2-3-3　导入 PSD 格式文件的对话框设置

导入种类选择"合成"，可以将 PSD 文件以合成的形式导入 After Effects 中，它会读取 PSD 分层信息，在 After Effects 中的合成会保持图层的分层状态。

导入种类选择"合成 - 保持图层大小"，仍然以合成的形式把 PSD 文件导入 After Effects 中，但是当 PSD 的文件尺寸大于 After Effects 的合成尺寸时，会保持 PSD 每一图层的大小，不进行裁剪。

导入种类选择"素材"，图层选项如果选择"合并的图层"，那么会把 PSD 文件的所有图层合并成一个图层，导入 After Effects 中；如果选择"选择图层"，可以在右侧的下拉列表框选择某个图层，把它导入 After Effects 中，如图 2-3-4 所示。

图 2-3-4　导入 PSD 格式文件的图层选项设置

三、素材的管理

素材导入后，就被放置在项目窗口了，可以使用项目窗口的按钮，或者菜单命令和快捷键对素材进行管理。

（一）重命名素材

在素材上右击，选择"重命名"命令或者选中素材，按下键盘上的回车键，在文本框中输入新的名称，就可以对素材进行重命名。

（二）删除素材

选中素材，按下键盘上的 Delete 键或者把素材拖放到项目窗口下面的垃圾桶按钮上。

（三）使用文件夹管理素材

点击项目窗口下方的"新建文件夹"按钮即可创建一个文件夹，选中文件夹按下回车键即可为文件夹重命名。可以把不同的素材放置到不同的文件夹里，完成素材的分类管理。

（四）解释素材

执行菜单命令"文件 > 解释素材"，在弹出的对话框，可以对素材的 Alpha 通道、帧速率、场序、像素宽高比、循环播放等参数进行设置，如图 2-3-5 所示。

忽略：忽略素材的 Alpha 通道。

直接 - 无遮罩：透明信息仅保存在 Alpha 通道，色彩通道没有蒙版，应用此方式可以得到精确的去背景效果。

预乘 - 有彩色遮罩：透明信息除保存在 Alpha 通道外，色彩通道有带背景色的蒙版应用。

图 2-3-5　解释素材对话框设置

（五）设置代理

在进行特效制作时，可以把已经不需要修改的素材和合成，替换成自己制定的素材。例如，将一个合成渲染成较低画质的视频文件，然后将其设置成代理，这样可以让软件操作更加流畅，提高工作效率。这个代理只是在预览和操作软件的过程中替换了原始的素材，实际渲染输出的时候，After Effects 还是会调用原来的素材进行渲染。

为素材设置代理的具体操作：在项目窗口选择需要设置代理的素材，执行菜单命令"文件 > 设置代理 > 文件"，在弹出的对话框里，选择一个文件，点击打开，就为这个素材设置代理了，如图 2-3-6 所示。

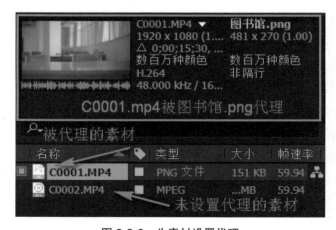

图 2-3-6　为素材设置代理

（六）替换素材

在项目窗口选择一个素材，执行菜单命令"替换素材 > 文件"，可以在弹出的对话框中选择一个文件替换选中的素材，或者执行菜单命令"文件 > 替换素材 > 占位符 / 纯色"，使用占位符文件或者纯色层来替换当前的素材，这也是一种提高工作效率的方法。

导入项目窗口中的每一个素材都链接着一个电脑中的源文件，如果不慎移动或者删除了这些源文件，或者更改了源文件的名称，或者更改了存放源文件的文件夹的名称，都会导致项目窗口的素材无法链接到源素材，致使素材变成一个脱机文件，无法显示画面内容，如图 2-3-7 所示。

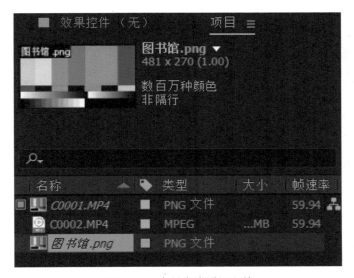

图 2-3-7　素材变成脱机文件

解决这个问题有以下两种方法。

一是恢复源文件的保存路径或者名称，然后选中项目窗口中的素材，右击，执行快捷菜单命令"重新加载素材"。

二是选中项目窗口中的素材，右击，执行快捷菜单命令"替换素材 > 文件"，在弹出的对话框里，选择被更改了保存路径或者文件名的源文件。

第四节　图层的基础操作

一、图层的概念及分类

图层是构成合成的基本组件。当我们把素材从项目窗口直接拖放到合成里时，该素材将作为图层使用。除此之外，还可以通过菜单命令"图层 > 新建"，创建各类图层，如图 2-4-1 所示。下面简单介绍 After Effects 中的各类图层。

图层(L) 效果(T) 动画(A) 视图(V) 窗口 帮助(H)	
新建(N) ▶	文本(T)　　　　　　　　Ctrl+Alt+Shift+T
图层设置...　Ctrl+Shift+Y	纯色(S)...　　　　　　　　　　Ctrl+Y
打开图层(O)	灯光(L)...　　　　　　Ctrl+Alt+Shift+L
打开图层源(U)　Alt+Numpad Enter	摄像机(C)...　　　　　Ctrl+Alt+Shift+C
在资源管理器中显示	空对象(N)　　　　　　Ctrl+Alt+Shift+Y
蒙版(M) ▶	形状图层
蒙版和形状路径 ▶	调整图层(A)　　　　　　　　Ctrl+Alt+Y
品质(Q) ▶	Adobe Photoshop 文件(H)...
	MAXON CINEMA 4D 文件(C)...

图 2-4-1　新建图层菜单命令

素材层：当我们将音频、视频或静态图像素材拖放到时间线窗口的合成里时，便会自动产生相应的素材层。

文本层：当我们用文字工具在合成窗口中输入文字时，便会产生一个文本层。文本层用于输入和编辑文字，并制作文字动画。

纯色层：它是一个单色图层，可以像普通素材层一样进行各种处理，常用来制作背景，生成电子图案，也可以做蒙版、模板、调节层来用。

灯光层：用来生成一个灯光，模拟常规灯光的照射效果，它只对三维图层有效。

摄像机层：用来生成一个摄像机，通过调整摄像机的参数，让它下面的图层产生透视效果，它只对三维图层有效。

空对象层：它本身没有任何内容，通常与其他层进行链接，作为父层来控制其子层的运动效果。

形状图层：用矩形或者钢笔工具绘制图形时，就会生成形状图层。利用形状图层可以方便地绘制各种图形，并可像普通图层一样做各种效果处理，也可以做蒙版、模板、调节层来用。

调整图层：它的作用是对图层进行调节，对调整图层所做的各种效果处理都将作用于其下面所有的图层，作用强度受调整图层的灰度层级控制。

Adobe Photoshop 文件层：在 After Effects 中创建的 Photoshop 专用图像文件层，它的后缀格式是 .psd，利用它可以方便地在 After Effects 和 Photoshop 之间传递影像。

MAXON CINEMA 4D 文件层：在 After Effects 中创建的 MAXON CINEMA 4D 专用文件层，它的后缀格式是 .c4d，利用它可以方便地在 After Effects 和 CINEMA 4D 之间传递影像。

二、图层的基本属性和操作

（一）图层的变换属性

在时间线窗口展开图层，可以看到它的默认属性——变换，如果素材是带有声音的，还有音频属性，如图 2-4-2 所示。

图 2-4-2 图层的变换属性

锚点：一个图层是一个面，而不是一个点，要精确定义一个图层时，相应的参数对应的都是一个点，该点就是锚点。在默认情况下，锚点在图层的中心，可以通过调整它的 X 轴和 Y 轴的参数值，改变它的位置，也可以使用工具栏中的向后平移锚点工具，在合成窗口移动它的位置。

位置：位置属性决定了图层在合成中的位置。可以在时间线窗口，通过调整位置属性 X 轴和 Y 轴的参数值，改变图层的位置，也可以使用工具栏中的选择工具，在合成窗口移动图层的位置。

缩放：缩放属性定义图层的尺寸，对缩放参数的调整，是定义调整后的图层尺寸与原始尺寸的比例，而不是图层的尺寸数值。可以在时间线窗口，调整缩放属性 X 轴和 Y 轴的参数值，也可以使用工具栏中的选择工具，在合成窗口中调整图层的尺寸。进行手动缩放时，按住 Shift 键，可以锁定缩放比例。

旋转：由于 After Effects 是一个视频效果软件，所以在旋转属性中除了拥有相应的旋转角度外，还可以设置旋转圈数。如果要手动旋转图层，首先使用选择工具选中图层，然后使用旋转工具在合成窗口单击并拖动鼠标，即可对图层进行旋转。当按下 Shift 键时，可以锁定旋转的角度为 45 度的倍值。

不透明度：通过调整图层的不透明度属性，可以透过上方的图层查看下方图层的内容。

上述变换属性都有相应的快捷键，可以快速调用某个属性而把其他属性隐藏，大大简化操作步骤。其中，锚点的快捷键是 A，位置的快捷键是 P，旋转的快捷键是 R，缩放的快捷键是 S，不透明度的快捷键是 T，结合使用 Shift 键可以把多个属性一起调用。

注意：After Effects 中的快捷键操作，需要在英文输入法的状态下才起作用。

（二）图层的常用操作

合成中的操作基本是围绕图层来展开的，图层的基础操作包括重命名层、复制层、显示 / 隐藏层、修剪层、替换层、对齐时间线、排列层的顺序、调节层的基本参数，以及给层添加遮罩、蒙版及特效处理等。这些操作可以通过菜单命令和工具来完成，对于一些常规操作，掌握其快捷键，可以提高工作效率。常用的图层操作，如表 2-4-1 所示。

表 2-4-1　图层的常用操作及快捷键

功能	操作方法和快捷键
重命名层	选中图层，按下回车键，在文本框中输入新图层的名称。
复制层	使用快捷键 Ctrl+D 或者先使用 Ctrl+C 再使用 Ctrl+V。
删除层	使用 Delete 键。
显示 / 隐藏层	使用层的消隐开关配合时间线窗口的消隐开关。
替换层	按住 Alt 键的同时，从项目窗口把新的素材拖放到时间线窗口的图层上。
修剪层	使用选择工具，对图层的出点和入点进行修剪。 快捷键 Alt+〔，设置层的入点；快捷键 Alt+〕，设置层的出点。 快捷键 Ctrl+Shift+D 把图层切分为两层。
更改层顺序	使用鼠标或者执行菜单命令"图层 > 排列"。 快捷键 Ctrl+〔，下移一层；快捷键 Ctrl+〕，上移一层。 快捷键 Ctrl+Shift+〔，移动到最下层；快捷键 Ctrl+Shift+〕，移动到最上层。
层自适应合成窗口大小	快捷键 Ctrl+Alt+F。
对齐层	快捷键〔将图层的入点对齐时间指针。 快捷键〕将图层的出点对齐时间指针。
设置工作区入点 / 出点	快捷键 B 设置工作区入点；快捷键 N 设置工作区出点。
开始 / 停止播放	空格键。
新建纯色层	快捷键 Ctrl+Y。

三、图层的开关

图层的开关从左到右分别是视频开关、音频开关、独奏开关、锁开关、图层隐藏开关、卷展变化 / 连续光栅开关、质量与采样、特效启用开关、帧混合开关、运动模糊开关、调节层开关、三维开关等，如图 2-4-3 所示。

图 2-4-3　图层的开关

视频开关：默认是开，当关闭它时，图层内容在合成窗口不再显示。

音频开关：默认是开，当关闭它时，图层的声音静音。

独奏开关：默认是关，当开启它时，在合成窗口只可以看到该图层的画面或者听到该图层的声音。

锁开关：默认是关，当开启它时，图层被锁定，无法对其进行任何操作。

图层隐藏开关：可以将图层在时间线窗口暂时隐藏起来，但它的画面内容仍然在合成窗口显示，此开关必须与时间线窗口上的消隐按钮结合使用。

卷展变化／连续光栅开关：还原素材属性开关，只有在图层为预合成或 AI 格式的文件时才起作用。

质量与采样：它有三个选项，最高质量、双子采样（会让旋转和缩放时的运动模糊更加细腻）、草图显示（比较粗糙，但能更快地显示动画）。

特效启用开关：激活此开关将启用为图层添加的所有滤镜，如果关闭它，滤镜效果将被隐藏。

帧混合开关：为动态素材添加帧混合，启用此功能将会在连续的帧画面之间添加过渡帧，使运动效果更柔和。此开关需要结合时间线窗口上方的帧混合按钮一起使用。

运动模糊开关：使运动效果更真实，模糊程度取决于合成设置中的快门角度和快门相位。此开关必须结合时间线窗口上方的运动模糊开关一起使用。另外它只对在 After Effects 里创建的运动才有效，对素材本身的动态无效。

调节层开关：激活此开关能将选中的图层制作成调节层，可一次性控制位于它下面的所有层。

三维开关：把图层转换成三维图层，在使用摄像机和灯光时必须打开此开关。

混合模式：在其下拉列表框存放了多种混合模式，可以更改图层和下方图层的叠加效果。

保持底层透明：如果合成中存在多个蒙版图层，需要同时作用于同个视频或者图片，需要打开图层的保持底层透明开关。

轨道遮罩：在其下拉列表框存放了多种轨道遮罩模式，可以为图层选择轨道遮罩模式。

父子级关系：把两个图层转换成父子关系。

四、图层的混合模式

图层是通过混合模式与其下方的图层进行合成的，利用层的混合模式可以合成出许多不同的影像视觉效果。混合模式是指基色和混合色之间的运算方式，混合色即当前层，基色即当前层下方的层。在混合模式中，每个模式都有其独特的计算方法，After Effects 中混合模式较多，大体可分为以下几类，如图 2-4-4 所示。

图 2-4-4　图层的混合模式

（一）常规模式

常规模式包括正常、溶解和动态抖动溶解三个混合模式。正常模式是默认的图层混合模式，在此模式下，可以通过调整当前图层的不透明度与下层图层产生混合效果。在溶解模式下，通过调整图层的不透明度，可以改变当前图层在底层图层上溶解的像素分散度，不透明度越低，像素点越分散。

（二）加深模式

加深模式包括变暗、相乘、颜色加深、经典颜色加深、线性加深和较深的颜色。加深模式可将当前图层影像与下层影像进行类似减色模式的相对运算，使合成后影像变暗。

（三）减淡模式

减淡模式包括相加、变亮、屏幕、颜色减淡、经典颜色减淡、线性减淡和较浅的颜色。减淡模式与加深模式相反，减淡模式可将当前图层影像与下层影像进行类似加色模式的相对运算，使合成后影像变亮。

（四）对比模式

对比模式包括叠加、柔光、强光、线性光、亮光、点光和纯色混合。对比模式综合了加深模式和减淡模式的特点，在进行混合时 50% 的灰色会完全消失，任何亮于 50% 灰色的区域都可能加亮下层的影像，而暗于 50% 灰色的区域都可能使下层影像变暗，从而增加（或压缩）影像对比度。

（五）差异模式

差异模式包括差值、经典差值、排除、相减、相除。差异模式可比较当前图层影像与下层影像，然后将相同的区域显示为黑色，不同的区域显示为灰度层次或彩色，得到差异化效果的合成影像。

（六）色彩模式

色彩模式包括色相、饱和度、颜色和发光度。这是一组利用色彩三要素进行合成的混合模式，色彩的三要素是色相、饱和度和亮度，使用色彩模式合成影像时，After Effects 会将当前影像三要素中的一种或两种应用在下层影像中。

（七）蒙版模式

蒙版模式包括模板 Alpha、模板亮度、轮廓 Alpha 和轮廓亮度。该混合模式组将不透明度信息应用到当前图层下方的所有图层。前两个模式用 Alpha 和亮度值来决定下方图层中保持可见的区域，后两个模式则以反转的 Alpha 和亮度值来决定下方图层中保持可见的区域。

（八）公用模式

公用模式包括 Alpha 添加和冷光预乘，它们仅仅影响半透明边缘的像素。Alpha 添加将 Alpha 通道像素的实际数值相加，两个 50% 的不透明度像素相加为 100% 不透明。冷光预乘是从源素材删除预乘的另外一个方法，看到暗淡的半透明元素，建议使用这种模式。

第五节   After Effects 的渲染输出

当完成了一个项目的制作后，为了让制作的影像在电视、手机或者其他设备上播放，需要将项目进行渲染输出。渲染输出是指通过渲染器计算出合成影像，由编码器对其进行视频编码，然后保存成指定的文件格式。渲染影片时应先将渲染参数、输出参数设置好，再进行渲染。After Effects 可以依据制作和播出的不同要求，输出不同分辨率和规格的视音频文件。

一、渲染的参数设置

在时间线窗口选择要输出的合成文件，然后执行菜单命令"合成 > 添加到渲染队列"，或者使用快捷键 Ctrl+M，就可以把当前合成加入渲染队列窗口，如图 2-5-1 所示。After Effects 允许将多个合成添加到渲染队列，进行批量输出，每个待渲染的合成都有以下几个选项。

图 2-5-1　渲染队列窗口

渲染设置：用于设置渲染参数及渲染方式。

输出模块：用于设置输出格式及参数。

输出到：设置渲染文件的名称及保存路径。

日志：记录输出日志。

点击渲染设置后面的链接文字，打开渲染设置对话框，如图 2-5-2 所示，在该对话框中可以设置渲染的各项参数。

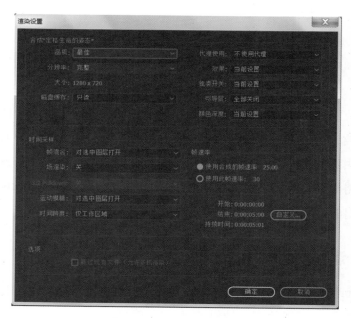

图 2-5-2　渲染设置窗口

品质：设置输出画面的质量，一般选择最佳。

分辨率：设置输出画面的分辨率，一般选择完整。

代理使用：设置是否使用代理。

效果：设置渲染时是否渲染图层上的滤镜效果。

独奏开关：设置渲染时是否启用图层的独奏开关。

引导层：设置渲染时是否启用引导层。

颜色深度：设置渲染时，图层的颜色深度。

帧混合：设置影片的帧融合。选择"对选中图层打开"，仅对在时间线窗口中使用帧融合的层进行帧融合处理，忽略合成影像中的帧融合设置。

场渲染：设置渲染合成影像时是否使用场渲染技术。如果渲染非交错场影片，选择"关"；如果渲染交错场影片，需要再选择场的优先顺序。

3∶2 Pulldown：设置 3∶2 下拉的引导相位。

运动模糊：当选择"对选中图层打开"时，仅对在时间线窗口中，使用运动模糊的层进行运动模糊处理，忽略合成影像中的运动模糊设置。

时间跨度：设置渲染合成的时间范围。默认输出的时间范围是工作区。可以在输出前，通过快捷键 B 和 N 设置工作区。

帧速率：设置渲染影片的帧速率。

如果以上参数或选项为"当前设置"，表示使用当前合成中的设置，渲染前应预览一下合成的效果，并注意合成中的参数选项及层的设置等，以免遗漏一些易被忽略的选项。

为了方便用户进行渲染设置，After Effects 提供了渲染模板，用户可以将设置好的渲染参数保存成模板，需要时调用，也可以使用系统提供的模板进行渲染。在渲染队列窗口，点击渲染设置右边的下拉三角按键，弹出下拉菜单，即可选取或保存模板，如图 2-5-3 所示。

图 2-5-3　渲染模板

二、输出模块设置

在渲染队列窗口，点击输出模块右边的"无损"，弹出输出模块设置对话框，可以设置合成输出的视音频格式和压缩格式，如图 2-5-4 所示。

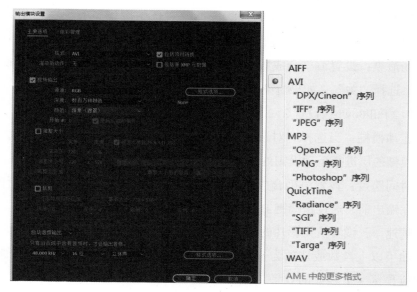

图 2-5-4　输出模块设置对话框

格式：设置输出的文件格式。

包括项目链接：输出文件中是否包含项目链接，以方便直接打开对应的项目文件。

包括源 XMP 元数据：输出文件中是否包括源 XMP 元数据。

通道：设置输出的视频通道。如果要输出保留透明通道的文件，应该选择 RGB+Alpha。

深度：设置输出视频的颜色深度。

颜色：设置输出视频的颜色。

格式选项：设置输出视频的编解码器和品质。

音频输出设置：设置音频格式、采样率、量化比特、声音通道等参数。

此外，输出模块设置对话框还包括裁剪和调整大小选项，对输出视频的画幅进行改变。

三、输出路径设置

设置完渲染和输出模块后，在渲染队列点击"输出到"后面的文字链接，在弹出的输出路径对话框，设置文件的输出路径和名称，就可以完成输出了，如图 2-5-5 所示。

图 2-5-5　输出路径对话框

四、常见的输出操作

（一）输出视 / 音频文件

After Effects 自带的渲染器可以输出两种视 / 音频文件格式：AVI 格式和 MOV 格式。AVI 格式是一个无损格式，也是 After Effects 默认的输出格式，它可以保留文件的很多信息，但是输出的文件很大。MOV 格式的文件体积比 AVI 小，文件质量跟 AVI 格式差不多，所以 MOV 格式是更推荐的输出格式。

输出 MOV 格式时，需要在渲染输出模块对话框里的格式一栏选择 "QuickTime"，然后点击"格式选项"，在弹出的对话框里，选择一种视频编解码器。MOV 格式的视频编解码器有很多，一般来说，H.264、JPEG 2000 和 Photo-JPEG 是三种常用的编解码器，如图 2-5-6 所示。

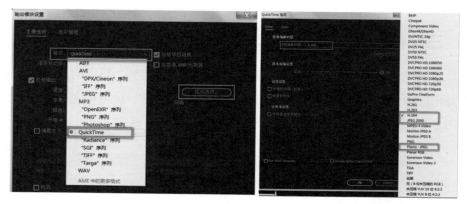

图 2-5-6　MOV 格式的输出模块对话框

注意：如果 MOV 格式的视频编解码器没有图上那么多，是因为电脑没有安装 QuickTime 播放器，可以先安装这个播放器。

（二）输出序列图片

After Effects 的内置渲染器还提供了多种序列图片的输出格式，比较常用的是 JPEG 序列、PNG 序列和 Targa 序列，在输出时，只需要在输出格式那里，选择所需要的序列格式即可。但是，要注意的是，如果合成中有声音的话，序列格式不会输出这些音频。同时，JPEG 序列和 Radiance 序列无法输出合成的透明通道。

（三）输出音频

如果只输出音频文件的话，可以在输出模块对话框，选择一种音频格式即可。After Effects 内置渲染器支持输出的音频格式有 AIFF、MP3 和 WAV。

（四）输出单帧

如果想输出合成中的某一帧画面，首先需要把时间指针放到那一帧上，然后执行菜单命令"合成 > 帧另存为 > 文件 /Photoshop 图层"，如图 2-5-7 所示。帧另存为文件，会把合成中当前帧的所有层合并为一个图层。帧另存为 Photoshop 图层，将输出 PSD 格式的分层文件。

执行完菜单命令后，在渲染队列仍旧会显示该渲染任务。在渲染设置对话框，设置单帧图片的渲染参数，在输出模块对话框，设置单帧图片的格式。

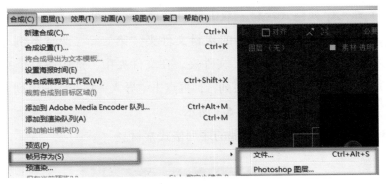

图 2-5-7　输出单帧的菜单命令

第六节　课堂案例

本节将通过两个案例来讲解本章比较重要的几个知识点——项目和合成的创建、素材的导入和管理、图层的基础操作和渲染输出。

一、夏日沙滩

本例知识点

序列格式素材的导入。

合成的创建。

图层的基础操作。

合成的渲染输出。

实践内容

导入素材，根据素材的大小创建一个合成，将各个素材拖放到合成中，并根据素材的内容，设置各图层在时间线上的位置，进行图层的合成。操作步骤如下。

1. 导入素材

（1）导入素材。双击项目窗口的空白处，打开"导入文件"对话框，找到本案例配套的素材文件夹"第二章\课堂案例\夏日沙滩\素材"，双击打开，将"沙滩 .png"导入项目窗口中。

（2）导入序列格式素材。双击项目窗口的空白处，打开"导入文件"对话框，双击打开本案例配套的素材文件夹"第二章 \ 课堂案例 \ 夏日沙滩 \ 素材"，双击打开"太阳"文件夹，在文件夹中，选中第一个文件"太阳_00000"，然后勾选"PNG 序列"，再点击"导入"按钮，把序列文件"太阳.png"导入项目窗口，如图 2-6-1 所示。

（3）用同样的方法导入其他的序列格式素材。

图 2-6-1 导入 PNG 序列格式的素材

2. 创建合成

执行菜单命令"合成 > 新建合成"命令，在打开的"合成设置"对话框，设置合成名称为"夏日沙滩"，预设选择"HDTV 1080 25"，持续时间设置为 10 秒，其他参数使用默认设置，如图 2-6-2 所示。

图 2-6-2 夏日沙滩合成设置

3. 图层的合成

（1）将"沙滩 .png"从项目窗口拖放到"夏日沙滩"合成中，将"太阳 .png"也放到合成中。

（2）将"小椰子树 .png"从项目窗口拖放到"夏日沙滩"合成中，将其入点放置到 20 帧处。

（3）将"椰子树 .png"从项目窗口拖放到"夏日沙滩"合成中，将其入点放置到 1 秒 14 帧处。

（4）将"毯子 .png"从项目窗口拖放到"夏日沙滩"合成中，将其入点放置到 2 秒 4 帧处。

（5）将"饮料 .png"从项目窗口拖放到"夏日沙滩"合成中，将其入点放置到 2 秒 19 帧处。

（6）将"沙滩皮球 .png"从项目窗口拖放到"夏日沙滩"合成中，将其入点放置到 3 秒 16 帧处。

（7）将"伞 .png"从项目窗口拖放到"夏日沙滩"合成中，将其入点放置到 4 秒 14 帧处。

（8）将"沙堡 .png"从项目窗口拖放到"夏日沙滩"合成中，将其入点放置到 5 秒 4 帧处。

（9）将"水桶 .png"从项目窗口拖放到"夏日沙滩"合成中，将其入点放置到 6 秒 7 帧处。

（10）将"海星 .png"从项目窗口拖放到"夏日沙滩"合成中，将其入点放置到 6 秒 21 帧处。所有图层在时间线窗口的排列顺序，如图 2-6-3 所示。

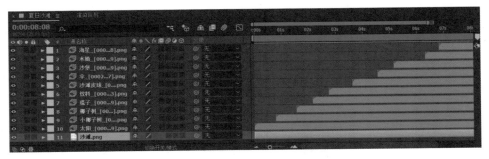

图 2-6-3　各图层在时间线窗口的排列

4. 输出为 PNG 序列格式文件

（1）设置工作区。将工作区的右端拖动到 8 秒 8 帧，设置合成的工作区总时长为 8 秒 8 帧。

（2）执行菜单命令"合成 > 添加到渲染队列"，对该合成镜头进行渲染输出。

（3）渲染输出 PNG 序列文件。在渲染队列窗口，渲染设置默认选择"最佳设置"。打开"输出模块设置"对话框，格式选择"'PNG'序列"，通道选择"RGB+Alpha"，如图 2-6-4 所示，这样可以输出带有透明通道的 PNG 序列格式文件。打开"将影片输出到"对话框，设置输出的位置和文件名称，最后点击"渲染"按钮，进行渲染输出。

图 2-6-4 输出 PNG 序列文件的参数设置

（4）至此，夏日沙滩制作完毕，按下空格键播放预览，案例的最终效果，如图 2-6-5 所示。

图 2-6-5 夏日沙滩最终效果

二、攻击快递盒

素材的导入和入点 / 出点设置。

合成的新建。

图层的合成。

合成的渲染输出。

🖱 实践内容

导入素材，根据素材创建一个合成，将其他素材拖放到合成中，并根据镜头的内容，设置各图层在时间线上的位置，进行特效镜头的合成。操作步骤如下。

1. 导入素材

（1）导入素材。执行菜单命令"文件 > 导入 > 文件"，将配套素材"第二章 \ 课堂案例 \ 攻击快递盒 \ 素材"里的四个素材导入项目窗口中，如图 2-6-6 所示。

（2）设置素材的入点和出点。在项目窗口双击素材"攻击快递盒原始素材 .mp4"，打开其素材窗口，按下键盘上的空格键，预览素材，将 23 帧处设置为素材的入点，将素材的最后一帧设置为素材的出点，如图 2-6-7 所示。

图 2-6-6　导入素材　　　　　　图 2-6-7　设置素材的入点和出点

2. 创建合成

在项目窗口中，将"攻击快递盒原始素材 .mp4"拖放到窗口下方的"新建合成"按钮上，创建一个与素材的各项参数相匹配的合成，右击该合成，选择快捷命令"合成设置"，在打开的对话框里，更改合成名称为"攻击快递盒"，更改开始时间码为"0：00：00：00"，如图 2-6-8 所示。

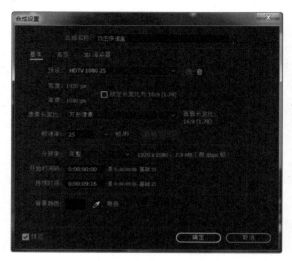

图 2-6-8　对合成进行参数设置

3. 图层的合成

（1）添加火焰。将项目窗口的素材"火焰 .mov"，直接拖放到合成中，并放置在 5 秒 9 帧的位置。

（2）调整火焰的位置和角度。使用工具栏的旋转工具，旋转"火焰 .mov"，使其对准快递盒。使用工具栏的选择工具，移动"火焰 .mov"的位置，使其在人物手部，如图 2-6-9 所示。

图 2-6-9　火焰的位置

（3）添加爆炸。将项目窗口的素材"爆炸.mov"，直接拖放到合成中，并放置在 6 秒 3 帧的位置。

（4）设置爆炸的位置。使用工具栏的选择工具，移动"爆炸.mov"的位置，使其覆盖住快递盒，如图 2-6-10 所示。

图 2-6-10 爆炸的位置

（5）设置声音素材的入点和出点。在项目窗口双击素材"爆炸声.mp3"，打开其素材窗口，按下键盘上的空格键，预览素材，将 15 帧处设置为素材的入点，将 3 秒处设置为素材的出点。

（6）添加音频。将"爆炸声.mp3"拖放到合成中，并放置在 5 秒 8 帧的位置。

4. 渲染输出

（1）设置工作区。将工作区的右端拖动到 7 秒 7 帧处，设置合成的工作区总时长为 7 秒 7 帧，如图 2-6-11 所示。

图 2-6-11 各图层在时间线上的位置

（2）渲染输出。执行菜单命令"合成 > 添加到渲染队列"，对该合成镜头进行渲染输出。

（3）在渲染队列窗口，渲染设置选择"最佳设置"。打开"输出模块设置"对话框，格式选择"QuickTime"，打开"将影片输出到"对话框，设置输出的位置和文件名称，最后点击"渲染"按钮，进行渲染输出，如图 2-6-12 所示。

图 2-6-12　合成的渲染设置

（4）至此，"攻击快递盒"制作完毕，按下空格键播放预览，案例的最终效果，如图 2-6-13 所示。

图 2-6-13　最终效果

🖱 本章小结

　　本章了解了 After Effects 的操作界面，学习了项目和合成的创建、素材的导入和管理、图层的基础操作和渲染输出等，并通过两个案例，学习多个素材镜头合成的操作流程。

🖱 思考与练习

　　1. 如何创建一个 PAL 制式的标清格式的合成？

　　2. 如何导入序列格式的文件？

　　3. 模拟课堂案例"攻击快递盒"，自拍一段标清格式的视频素材，并与虚拟的素材完成镜头的合成。

第三章
关键帧动画

本章学习目标

- 掌握关键帧动画的编辑操作
- 掌握关键帧动画的插值类型
- 掌握图表编辑器的应用
- 掌握时间重映射的操作

本章导入

关键帧动画是 After Effects 动画制作中最为重要的部分，效果菜单中绝大部分滤镜和图层属性效果的实现都依赖于关键帧动画。关键帧相当于二维动画中的原画，指角色或者物体运动或变化中的关键动作所处的那一帧。在 After Effects 中，只需设置各个关键帧的数值，关键帧之间的动画可以由软件来创建。

第一节　关键帧动画的编辑操作

一、创建关键帧

在时间线窗口，展开图层的变换属性，选择某一个属性，点击属性前面的秒表按钮，然后改变属性数值，在当前时间指针处添加第一个关键帧。然后，将时间指针移动到新的时间位置，调整属性的参数值，After Effects 将自动生成第二个关键帧。依次类推，添加之后的关键帧。

经验：要创建关键帧动画，必须有两个或者两个以上的关键帧，并且它们的参数值要不同。如果两个关键帧的数值是一样的，这两个关键帧之间将没有动画效果。如果第一个关键帧之前还有普通帧，那么普通帧的数值将追随第一个关键帧，同理，如果最后一个关键帧之后还有普通帧，那么普通帧的数值将追随最后一个关键帧。

单击"添加 / 删除关键帧"按钮，也可以添加一个关键帧，如果时间指针所在位置已经有一个关键帧了，单击该按钮，则会删除这个关键帧。

二、选择关键帧

创建关键帧后，如果要对它进行移动、复制或者删除等操作，首先需要选中目标关键帧。选中关键帧的方法：在时间线窗口，展开某个设置了关键帧的属性，用鼠标单击某个关键帧，则此关键帧被选中。

如果要选择多个关键帧，则有以下几种方法。

第一，在时间线窗口，按住 Shift 键的同时，逐个选择关键帧。

第二，在时间线窗口，用鼠标拖拽出一个选区框，选区框内的所有关键帧被选中。

第三，单击某个属性命令，则可选择该属性的所有关键帧。

三、删除关键帧

在 After Effects 中，删除关键帧有以下几种方法。

第一，选中需要删除的单个或多个关键帧，执行菜单命令"编辑 > 清除"。

第二，选中需要删除的单个或多个关键帧，按下键盘的 Delete 键。

如果要删除某个属性的所有关键帧，则单击属性的名称，选中全部关键帧，按下 Delete 键。或者单击关键帧属性前的秒表按钮将其关闭，也能删除所有关键帧。

四、移动关键帧

用鼠标选中单个或者多个关键帧，按住鼠标将它拖放到目标时间位置即可。

五、复制关键帧

复制关键帧可以大大提高创作效率，避免一些重复性的操作。具体方法如下。

第一，选中要复制的单个或多个关键帧，执行菜单命令"编辑 > 复制"，将选中的关键帧复制。选择目标图层，将时间指针移动到目标时间位置，执行菜单命令"编辑 > 粘贴"，将复制的关键帧粘贴到当前时间位置。

第二，选中要复制的单个或多个关键帧，执行快捷键 Ctrl+C 和 Ctrl+V。

六、编辑关键帧参数值

编辑关键帧参数值有两种方法：一是在关键帧上双击鼠标，在弹出的对话框中进行设置；二是在合成窗口或者在时间线窗口中设置关键帧的数值，这时必须要选中当前关键帧，否则编辑关键帧的操作将会生成新的关键帧。

七、关键帧导航

在时间线窗口，当为某个属性添加了关键帧后，在属性的左侧会出现三个关键帧导航按钮，如图 3-1-1 所示。通过这三个按钮，可以快速并且精确地跳转到上一个或下一个关键帧，还可以添加或删除关键帧。

图 3-1-1　关键帧导航按钮

提示：要对关键帧进行导航操作，首先要将关键帧呈现出来，按下键盘上的 U 键可以展示层中所有关键帧动画信息。

◂跳转到上一个关键帧位置：快捷键是 J。

▸跳转到下一个关键帧位置：快捷键是 K。

◈添加 / 删除关键帧按钮：当前时间位置无关键帧，单击此按钮则生成关键帧；当前时间位置有关键帧，单击此按钮将删除该关键帧。

在时间线窗口，选中关键帧，右击会弹出一个快捷菜单，也可以选择里面的多个菜单命令，对关键帧进行参数调整等编辑操作，如图 3-1-2 所示。

图 3-1-2　关键帧快捷菜单中的编辑命令

第二节　关键帧动画的插值

一、关键帧动画的速度

影响关键帧动画速度变化的因素有以下几个。

一是两个关键帧之间的时间间隔。关键帧时间间隔越短，关键帧动画的速度越快，时间间隔越长，速度越慢。所以，可以通过改变关键帧之间的时间间隔来提高或者降低速度。

二是属性数值的差值。相邻关键帧数值的差别越大，产生的动画速度就越快，反之亦然。

三是应用到关键帧的插值类型。默认情况下，After Effects 为关键帧应用的是线性插值，产生的关键帧动画是匀速的。如果为关键帧应用贝塞尔插值，就可以设置变速动画。

二、关键帧插值

插值是在两个已知数据之间填充未知数据的过程。当 After Effects 为某个属性添加了关键帧动画后，计算机会自动为两个关键帧之间插入过渡值，这个值就称为插值。

After Effects 的插值分为两大类。第一类叫时间插值，有的翻译为临时插值，主要用来控制两个关键帧之间属性数值变化的速率，可以让数值变化实现匀速、加速、时快时慢等效果。第二类叫空间插值，主要用来控制关键帧动画的路径变化。

每一类插值包含以下几种插值方式。

（一）线性插值

这种插值方式可以在两个关键帧之间创建匀速的动画，为图层添加比较机械的动画效果。它是时间插值默认的插值方式。

（二）自动贝塞尔插值

这种插值方式可以创建平滑的运动改变效果，它也是默认的空间插值方式。自动贝塞尔插值通过贝塞尔曲线来调整关键帧动画的运动速率。贝塞尔曲线又称为贝兹曲线，是应用于二维图形应用程序的数学曲线。它由线段和节点组成，节点是可以拖动的支点，线段像可以伸缩的皮筋，可以更改它的形状，如图 3-2-1 所示。

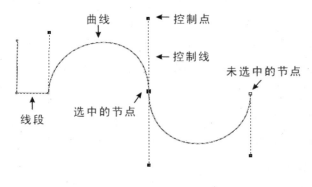

图 3-2-1　贝塞尔曲线

（三）连续贝塞尔插值

它和自动贝塞尔插值方式类似，也可以创建平滑的运动改变效果。但是，在这种插值方式下，调整贝塞尔曲线的控制手柄，可以改变关键帧两侧的贝塞尔曲线的形状，如图 3-2-2 所示。

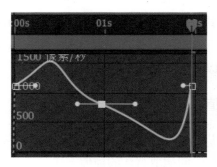

图 3-2-2　连续贝塞尔插值

（四）贝塞尔插值

这种插值方式可以更精确地控制动画速度。在这种插值方式下，贝塞尔曲线两个方向的控制手柄，独立地调整两侧曲线的形状。

（五）保持插值

这种插值方式可以实现层属性随时间变化的动画，但无法产生渐变动画效果，适合创建闪光或者频闪等效果。

三、应用和改变插值的方法

在时间线窗口，选中要进行编辑的关键帧，点击右键，选择"关键帧插值"，将弹出"关键帧插值"对话框，如图 3-2-3 所示。

图 3-2-3　关键帧插值对话框

临时插值：在它的下拉菜单中，可以设置时间插值的类型，其中有前面介绍的五种类型的插值方式。

空间插值：在它的下拉菜单中，可以设置空间插值的类型，包括线性插值、自动贝塞尔曲线、连续贝塞尔曲线和贝塞尔曲线四种类型的插值方式。

漂浮：对关键帧进行平滑运动设置。

当我们为关键帧设置了不同类型的插值后，关键帧会显示不同形状的图标，具体如下。

◆：线性插值。

Ⅰ：贝塞尔或连续贝塞尔插值。

●：自动贝塞尔插值。

■：保持插值。

当插值方式是贝塞尔曲线时，要改变贝塞尔曲线的形状，实现层属性的复杂动画，还需要打开图表编辑器。

四、关键帧辅助

在时间线窗口，选中关键帧，右击，在弹出的快捷菜单中选择"关键帧辅助"。该菜单命令的最后三项提供了三种预设好的贝塞尔插值方式，如图 3-2-4 所示。

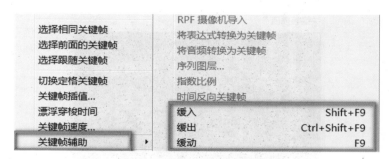

图 3-2-4   关键帧辅助菜单

缓入：创建减速的关键帧动画。

缓出：创建加速的关键帧动画。

缓动：创建先加速再减速的关键帧动画。

第三节   图表编辑器

一、图表编辑器

在时间线窗口，选中属性的所有关键帧，点击上方的按钮，就可以在窗口的右侧显示图表编辑器。在图表编辑器中，有两种可用的图表：一种是属性的值图表，它显示的是属性值曲线；另一种是速度图表，它显示的是属性的速度图表曲线。调用某一种图表，结合编辑器下方的按钮，可以实现关键帧插值的精准设置。

在图表编辑器底部有一些按钮，图表编辑器的使用主要通过这几个按钮来实现，下面介绍这些按钮的使用。

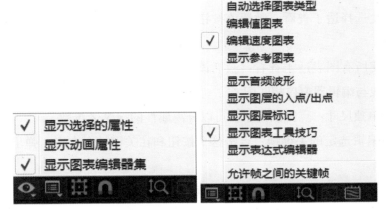：点击这个按钮会打开一个菜单，在该菜单可以选择要显示的属性，如图 3-3-1 所示。

显示选择的属性：在编辑器中显示选定的某个属性的关键帧动画曲线。

显示动画属性：在编辑器中显示这个层所有的关键帧动画曲线。

显示图表编辑器集：选择这一项后，再点击某个属性前面的按钮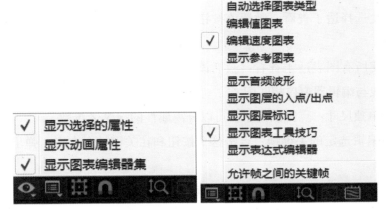，就可以开启这个属性的关键帧动画曲线。

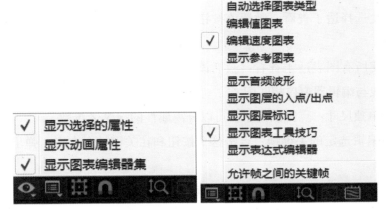：点击这个按钮会打开一个菜单，在该菜单可以选择要显示的图表类型，如图 3-3-2 所示。

图 3-3-1　显示图表编辑器内所选定的属性　图 3-3-2　选择图表类型和选项按钮

自动选择图表类型：自动选择适当的属性图表类型。

编辑值图表：显示属性值的变化曲线。

编辑速度图表：显示属性的速度变化曲线。

显示参考图表：在任何编辑状态下，同时显示属性值变化曲线和速度变化曲线作为互相的参考曲线。

显示音频波形：显示层的音频波形。

显示图层的入点 / 出点：显示层的入点和出点。

显示图层标记：显示层的标记。

显示图表工具技巧：显示曲线编辑提示。

显示表达式编辑器：显示表达式的编辑器。

允许帧之间的关键帧：允许在帧之间放置关键帧，用于调整动画。

图表编辑器底部的其他按钮的具体含义如下。

▣关键帧编辑框按钮：该按钮一般处于激活状态，在此状态下，当选择多个关键帧时，多个关键帧就形成了一个编辑框，可以对所有关键帧进行整体调整。

▣对齐按钮：该按钮一般处于激活状态，在此状态下，可以将关键帧与入点、出点、标记、当前时间指针、其他关键帧等进行自动吸附对齐操作。

▣自动缩放图表高度：激活该按钮，会自动缩放编辑器的高度，使曲线的高度与编辑器匹配。

▣使选择适于查看：激活该按钮，会调整曲线的比例，使它匹配编辑器窗口。

▣使所有图表适于查看：激活该按钮，将会调整所有曲线的比例，使所有的曲线与编辑器窗口相匹配。

▣单独尺寸：点击该按钮，可以分离属性的 X/Y/Z 维数。

▣编辑选定的关键帧：点击这个按钮和在关键帧上右击，弹出的菜单命令相同。

在图表编辑器中，还有一些按钮可以快速实现关键帧插值类型的切换。

▣：把选定关键帧的插值转换为保持插值。

▣：把选定关键帧的插值转换为线性插值。

▣：把选定关键帧的插值转换为自动贝塞尔插值。

如果上述三个按钮，不能满足关键帧动画速度变化的要求，还可以手动调整速度曲线达到个性化的效果，或者运用下面三个关键帧辅助按钮，快速调整一些常用的时间插值。

▣：同时平滑关键帧入和出的速率，一般为减速入关键帧，加速出关键帧。

▣：仅平滑关键帧入时的速率，一般为减速入关键帧。

▣：仅平滑关键帧出时的速率，一般为加速出关键帧。

对关键帧进行各种插值运算，首先需要正确理解图表编辑器中两种曲线的概念，即数值变化曲线和速度变化曲线。

二、数值变化曲线

数值变化曲线的纵坐标代表属性值，横坐标代表时间，纵坐标的单位取决于被选择的属性类型。如果当前选择的是位置属性，那么纵坐标的单位是像素，如果当前选择的是旋转属性，纵坐标的单位是度数。

一些属性包含一个以上的参数值或者维度，如层的位置属性就包含 X 轴向和 Y 轴向。当选中某个层的位置属性时，打开图表编辑器，选择菜单命令"编辑值图表"，就有两条曲线。红色曲线描述的是 X 轴的属性值变化，绿色曲线描述的是 Y 轴的属性值变化，如图 3-3-3 所示。

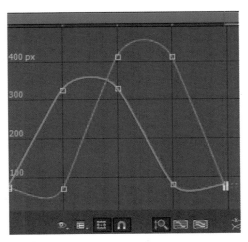

图 3-3-3　位置属性的数值变化曲线

数值变化曲线非常容易识别，当层的属性值变大时，曲线向上发展，属性值变小时，曲线向下发展。

例如，为层设置旋转动画，让它在 2 秒内完成 720 度旋转。旋转属性的数值变化曲线，如图 3-3-4 所示。

这个层属性只有一个维数，所以数值变化曲线只有一条。层的旋转度数随时间的演进越来越大，所以数值曲线向上伸展。现在这条数值变化曲线是一条直线，表明层的旋转是匀速运动。如果想让层的旋转呈加速运动，则需要选中所有关键帧，点击██按钮，把选定关键帧转换为自动贝塞尔插值方式，然后用鼠标调整数值曲线，如图 3-3-5 所示。

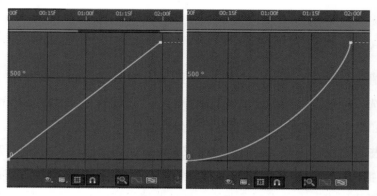

图 3-3-4　匀速旋转运动的数值变化曲线 图 3-3-5　加速旋转运动的数值变化曲线

三、速度变化曲线

速度变化曲线描述的是属性值变化的速度，横坐标代表时间，纵坐标代表属性变化的速度，它的单位同样取决于被选择的属性类型。例如，当前选择的是位置属性，则纵坐标的单位是像素／秒。

速度变化曲线也非常容易识别和理解。关键帧之间用直线或者曲线连接，直线代表匀速运动，曲线代表变速运动。当属性变化幅度增大时，曲线向上发展，反之亦然。

例如，制作一个小球落地被弹起的位置动画。如果小球在落下和弹起时都做匀速运动，那么它的速度变化曲线，如图 3-3-6 所示。但是，在现实世界，小球的运动受到重力的影响，落下时是一个加速运动，而被弹起时受到地面阻力的影响，是一个减速运动。要精准地描述小球的这种变速运动，必须更改位置关键帧动画的插值方式。小球落下时的速度变化曲线，如图 3-3-7 所示。

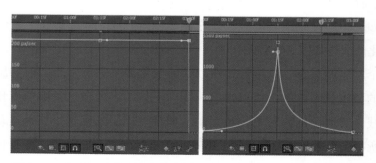

图 3-3-6　匀速运动的速度变化曲线 图 3-3-7　变速运动的速度变化曲线

注意： 使用时间插值运算，对关键帧的数值和变化程度并没有影响，它只是影响了变化过程是匀速的，还是变速的。

技巧： 使用工具栏的钢笔工具，可以在图表编辑器对速度曲线或者数值曲线进行添加 / 删除关键帧、改变关键帧插值类型和曲线率等操作。如果要更精确地调整关键帧时间插值运算，则点击图表编辑器下方的◆按钮，选择菜单命令"关键帧速度"，在弹出的对话框设置更精确的数值。

第四节　时间重映射

在 After Effects 中，可以对图层的持续时间进行修改，从而使图层的播放速度加快或放慢等，主要包含以下几种操作。

一、时间伸缩

时间伸缩可以实现图层播放内容加速或者减速，从而产生快动作或者慢动作。

选择要调整播放速度的图层，执行菜单命令"图层 > 时间 > 时间伸缩"，打开"时间伸缩"对话框，如图 3-4-1 所示。

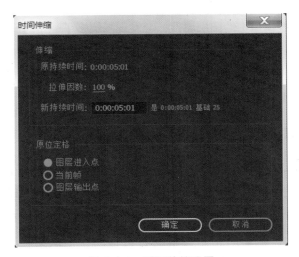

图 3-4-1　时间伸缩设置

拉伸因数：原始数值为 100%，当设定数值大于 100% 时，素材的持续时间相应地变长，图层的播放速度变慢。反之，当设定数值小于 100% 时，素材的持续时间相应地变短，图层的播放速度变快。如果将拉伸因数的数值变为负值，则可以实现倒放的效果。

当素材倒放时，图层上出现了红色的斜线，表示已经颠倒了时间。但是，图层会移动到别的地方，这是因为在颠倒时间的过程中，是以图层的入点为变化基准的。"原位定格"可以设置时间拉伸时图层变化的基准点，它有以下三个选项可选。

图层进入点：以层入点为基准，在调整过程中，固定入点位置。

当前帧：以当前时间指针所在帧为基准，在调整过程中，同时影响入点和出点位置。

图层输出点：以层出点为基准，在调整过程中，固定出点位置。

技巧：除此之外，还可以在时间线窗口的左下方，展开█按钮，通过调整图层的持续时间或伸缩数值实现图层播放速度的改变。

二、时间重映射

利用菜单命令"启用时间重映射"，也能使图层播放速度加快或减速，还能冻结帧，或者倒放图层内容。

选择要调整播放速度的图层，执行菜单命令"图层 > 时间 > 启用时间重映射"，展开时间线窗口中的图层属性，会发现图层多了一个时间重映射属性，并自动激活其秒表工具，产生第一帧和最后一帧的关键帧，这些关键帧记录的参数值是当前时间上图层的画面内容。关闭其前面的秒表工具可以删除时间重映射。可以通过添加新的关键帧来产生复杂的速度变换，下面来详细介绍。

（一）使图层播放速度加速或减速

在为图层应用了"启用时间重映射"命令后，把时间指针移动到要改变速度的帧的位置，添加一个关键帧。把该关键帧向它初始位置的左边移动，则从第一个关键帧到该关键帧之间的图层内容加速播放，后面的图层内容减速播放。反之，把它向初始位置的右边移动，则从第一个关键帧到该关键帧之间的图层内容减速播放，后面的图层内容加速播放，如图 3-4-2 和

图 3-4-3 所示。

图 3-4-2　1—2 关键帧之间做加速运动，2—3 关键帧之间做减速运动

图 3-4-3　1—2 关键帧之间做减速运动，2—3 关键帧之间做加速运动

技巧：如果对图层的某一段设置了慢速播放，但是不增加图层的持续时间，那么它的后半段内容将加速播放。如果希望后半段的内容能按正常速度播放，需要先延长图层的时间长度，延长的时间与图层慢速播放延长的时间相同，再设置慢速播放。

（二）帧定格

使用时间重映射还可以冻结图层的某一帧，实现帧定格的效果。

例如，要冻结图层的第一帧，使第一帧冻结 2 秒后，再播放后面的图层内容。需要在时间线窗口，把第一个关键帧拖动到 2 秒的位置。这时第一帧被定格 2 秒，后面的图层内容加速播放。如果想要后面内容的播放速度保持不变，需要展开按钮 ，调整图层的持续时间比之前多 2 秒。

冻结图层的最后一帧，方法与之相似。先延长图层的持续时间 2 秒，然后把最后一个关键帧向前拖动 2 秒即可。

如果要冻结图层中间的某一帧，把时间指针拖动到要冻结的那一帧，添加一个关键帧。按住 Ctrl+C 复制这个关键帧，把它放置到当前关键帧之后的某个位置，那么这两个关键帧之间的图层内容是冻结的，冻结的时间取决于这两个关键帧之间的时间间隔。同时，冻结帧之前和之后的图层内容都加快播放速度。如果想冻结帧前后的图层内容播放速度不变，同样需要延长图层的持续时间，帧定格了多长时间就延长多长时间。

选中图层，执行菜单命令"图层 > 时间 > 冻结帧"，也可以实现冻结帧的效果，同时为图层添加一个时间重映射属性。但是，这种方式是把整个图层都冻结在时间指针所在的那一帧，而且关键帧的插值类型是保持插值。可以继续为图层添加关键帧，并且通过更改时间重映射的参数值更改当前冻结帧的画面，从而产生类似逐帧动画的效果，如图 3-4-4 所示。

图 3-4-4　冻结帧的设置

（三）倒放

如果要倒放图层内容，只需要给图层应用"启用时间重映射"命令后，把第一个关键帧和最后一个关键帧的位置调换即可。

选中图层，执行菜单命令"图层 > 时间 > 时间反向图层"，也可以实现图层倒放的效果。

第五节　课堂案例

本节将通过三个案例来讲解本章比较重要的几个知识点——关键帧动画的制作、关键帧的插值、图表编辑器的应用和时间重映射的操作。

一、学习雷锋日

🖑 **本例知识点**

图层的五个变换属性。

图层关键帧动画的制作。

时间重映射。

🖑 **实践内容**

创建一个竖幅的合成，通过调整图层的变换属性，使各图层在合适的位置合成在一起，给各图层创建位置、缩放等关键帧动画，使图层以动画的形式进入合成，完成学习雷锋日动态海报的制作。操作步骤如下。

1. 导入素材

双击项目窗口的空白处，打开"导入文件"对话框，找到本案例配套的素材"第三章\课堂案例\学习雷锋日\素材"，双击打开，将"背景.jpg""标语.png"等素材导入项目窗口中。

2. 新建合成

按住快捷键 Ctrl+N，在打开的"合成设置"对话框，设置合成名称为"学习雷锋日"，设置宽度为 1080px，高度为 1920px，帧速率为 25 帧/秒，持续时间设置为 10 秒，其他参数设置，如图 3-5-1 所示。

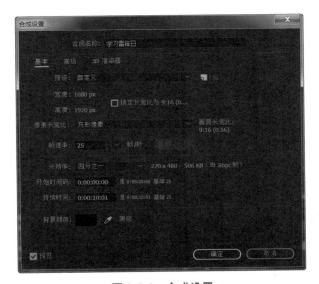

图 3-5-1　合成设置

3. 图层的合成

（1）添加背景。将"背景.jpg"拖放到合成中，调整其比例为 47%，并设置其位置参数为（690.0，1176.0）。

（2）添加光圈。将"光圈.png"拖放到合成中，调整其角度为 180 度，使其缺口朝下，并设置其位置参数为（570.0，1062.0）。

（3）添加红旗。将"红旗.png"拖放到合成中，并设置其位置参数为（510.0，918.0）。

（4）添加人物。将"雷锋.png"拖放到合成中，并设置其位置参数为（558.0，1134.0）。

（5）添加装饰图案。将"装饰图案 .png"拖放到合成中，调整其比例为 84%，并设置其位置参数为（636.0，1098.0）。

（6）添加标语。将"标语 .png"拖放到合成中，并设置其位置参数为（546.0，1488.0）。

（7）添加动态文字。将"学雷锋 .png"拖放到合成中，调整其比例为 62%，并设置其位置参数为（504.0，1740.0）。各图层合成的效果，如图 3-5-2 所示。

图 3-5-2　学雷锋各图层合成的效果

4. 为图层创建关键帧动画

（1）制作光圈缩放动画。在 1 秒处，设置光圈层的缩放值为 0%，并添加一个关键帧；在 2 秒处，更改缩放值为 100%，为光圈创建一个比例动画。

（2）制作红旗从下往上的位置动画。在 1 秒处，设置红旗层的位置为（510.0，2552.0），并添加一个关键帧；在 2 秒处，更改位置为（510.0，918.0），为红旗创建一个从下往上的位移动画。

（3）制作人物的不透明度动画。在 1 秒处，设置雷锋层的不透明度为 0%，并添加一个关键帧；在 2 秒处，更改不透明度值为 100%，为雷锋层创建一个淡入的不透明度动画。

（4）制作装饰图案的位置动画。在 0 秒处，设置装饰图案层的位置为（636.0，2323.0），并添加一个关键帧；在 1 秒处，更改位置为（636.0，1098.0），为装饰图案创建一个从下往上的位移动画。

（5）制作标语的比例和旋转动画。在 1 秒处，设置标语层的缩放值为 0%，旋转值为 180 度，并为这两个属性各自添加一个关键帧；在 2 秒处，更改缩放值为 100%，旋转值为 0 度，为标语创建一个比例动画和旋转动画。

（6）制作文字的慢动作。选中"学雷锋 .png"层，执行菜单命令"图层 > 时间 > 启用时间重映射"，然后在时间线上，用鼠标拖动该层的出点到 5 秒处，为该层创建一个慢动作。

（7）至此，"学习雷锋日"的动画制作完毕，按下空格键播放预览，案例的最终效果，如图 3-5-3 所示。

图 3-5-3　　"学习雷锋日"动画的最终效果

二、淘宝小广告

🖉 **本例知识点**

关键帧动画的制作。

关键帧图表编辑器的使用。

🖉 **实践内容**

导入素材，创建合成，制作白色红包和文字"翻倍"的动画效果。制作 7 个冰激凌从合成下方进入并向四周分散的动画，并使用图表编辑器创建变速的关键帧动画，然后用相同的方法制作 7 个红包从下方进入并向四周分散的动画，最后将所有动画效果进行合成。操作步骤如下。

1. 导入素材

双击项目窗口的空白处，打开"导入文件"对话框，找到本案例配套的素材"第三章\课堂案例\淘宝小广告\素材"，双击打开，将"白色红包 .png""红色红包 .png""冰激凌 .png"等素材导入项目窗口中。

2. 新建合成

按住快捷键 Ctrl+N，在打开的"合成设置"对话框，设置合成名称为"淘宝小广告"，设置宽度为1000，高度为1000，帧速率为25，持续时间设置为6秒，其他参数采用默认设置。

3. 制作白色红包的动画效果

（1）创建白色红包的比例抖动动画。将素材"背景 .png"拖放到合成中，然后将"白色红包 .png"也拖放到合成中。在1秒处，设置其比例为0%；1秒5帧处，设置比例为200%；在1秒7帧处，设置比例为180%；1秒9帧处，设置比例为200%，从而创建白色红包的比例抖动动画，如图3-5-4所示。

图 3-5-4　"白色红包"的抖动动画

（2）给白色红包添加投影。选中"白色红包 .png"层，执行菜单命令"效果 > 透视 > 投影"，为图层添加一个深黄色的投影，在效果控件窗口设置投影的参数，具体参数设置，如图3-5-5所示。

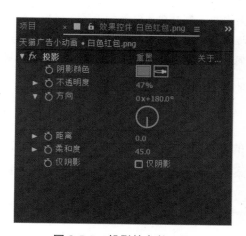

图 3-5-5　投影的参数设置

（3）制作白色红包消失动画。在 2 秒处，设置白色红包的比例为 200%；在 2 秒 5 帧处，设置比例为 0%，制作白色红包消失的动画。

4. 文字动画制作

（1）制作文字掉落动画。将文字"翻倍 .png"拖放到合成中，为其创建位置动画，造成文字从上方掉落并稍微抖动的效果。在 2 秒 6 帧处，设置其位置参数为（500.0，22.0）并创建一个关键帧；在 2 秒 17 帧处，设置其位置参数为（500.0，517.0）；在 2 秒 19 帧处，设置其位置参数为（500.0，482.0）；在 2 秒 21 帧处，设置其位置参数为（500.0，500.0）。

（2）给文字添加投影。选中"白色红包 .png"层，打开效果控件窗口，复制效果"投影"，然后打开"翻倍 .png"层的效果控件窗口，按住 Ctrl+C 将"投影"效果复制到"翻倍 .png"，如图 3-5-6 所示。

图 3-5-6　"翻倍"的合成效果

5. 为冰激凌创建位置动画

（1）创建预合成。把素材"冰激凌 .png"拖放到合成中，然后右击选择快捷命令"预合成"，将图层"冰激凌 .png"转换为预合成，并命名为"冰激凌动画"。

（2）制作冰激凌位置动画。双击打开预合成"冰激凌动画"，选中冰激凌图层，为其设置位置动画。在 0 帧处，把冰激凌拖放到合成的下方，设置其位置参数为（500.0，1282.0）；在 1 秒处，将冰激凌移动到合成的中上方位置，设置其位置参数为（500.0，446.0）。复制第一个关键帧到 2 秒处，将冰激凌重新放到合成下方。

（3）制作冰激凌的变速动画。选中冰激凌层位置属性的三个关键帧，打开时间线窗口右上方的图表编辑器，调整位置属性的速度图表，让冰激凌先加速上升，再减速上升到位置顶点，直至速度为 0。然后，又慢慢加速降落，再减速降落到位置低点，直至速度为 0。位置属性的速度图表，如图 3-5-7 所示。

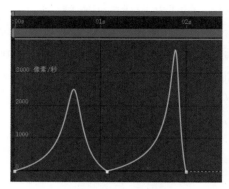

图 3-5-7　　"冰激凌"位置动画的速度图表曲线

（4）制作小冰激凌位置动画。再拖动一个"冰激凌 .png"到合成"冰激凌动画"中，将其命名为"小冰激凌 1.png"，调整其比例为 68%，使其变小。然后为其创建位置动画，让它从合成的下方进入，从左上方飞出。在 0 帧处，把冰激凌拖放到合成的下方，设置其位置参数为（512.0，1204.0）；在 1 秒处，将冰激凌移动到合成的中上方位置，设置其位置参数为（331.0，141.0）；在 2 秒处，设置其位置参数为（–304.0，–15.0），让冰激凌从合成左上方飞出，如图 3-5-8 所示。

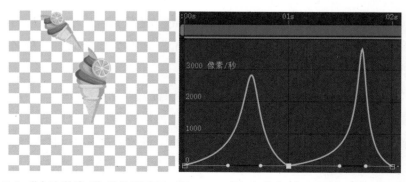

图 3-5-8　"小冰激凌 1"的位置动画　图 3-5-9　"小冰激凌 1"位置动画的速度图表曲线

（5）制作小冰激凌的变速动画。选中"小冰激凌 1.png"层位置属性的三个关键帧，打开时间线窗口右上方的图表编辑器，调整位置属性的速度图表，使位置动画跟冰激凌层的位置动画相似，如图 3-5-9 所示。

（6）制作小冰激凌旋转动画。给"小冰激凌 1.png"层的旋转属性创建关键帧动画，使其角度随着运动路径的变化产生变化。在 0 帧处，添加一个关键帧，旋转值保持为 0 度；1 秒处，设置旋转值为 –40.9 度；1 秒 18 帧处，设置旋转值为 –62 度。

（7）制作"小冰激凌 2"的位置和旋转动画。选中"小冰激凌 1.png"层，按住 Ctrl+D 键复制一层，并命名为"小冰激凌 2.png"，选中它的第二个和第三个位置属性关键帧，更改图层的位置，使其在"小冰激凌 1"的下方，并更改第二个和第三个旋转属性关键帧的参数，使其方向与新的运动路径匹配，具体参数，如图 3-5-10 所示。

图 3-5-10　"小冰激凌 2"的位置和旋转动画

（8）用同样的方法，分别复制出其他 4 个小冰激凌，并更改其位置和旋转动画，使其合理地分布在大冰激凌的周围，如图 3-5-11 所示。

图 3-5-11　7 个冰激凌的最终合成效果

6. 红包动画效果

（1）红包的动画效果与冰激凌动画类似。首先，把素材"红色红包 .png"拖放到合成里，然后右击选择快捷命令"预合成"，将图层"红色红包 .png"转换为预合成，并命名为"红包动画"。

（2）制作红色红包的位置动画。双击打开预合成"红包动画"，选中红包图层，设置其比例为176%，然后为其设置位置动画。在 0 帧处，把红包拖放到合成的下方，设置其位置参数为（500.0，1210.0）；在 1 秒处，将冰激凌移动到合成的中上方位置，设置其位置参数为（500.0，500.0）。复制第一个关键帧到 2 秒处，将红包重新放到合成下方。

（3）制作红色红包的旋转动画。选中红包图层，为其设置旋转动画。在 15 帧处，设置旋转值为 0 度；在 1 秒帧处，设置旋转值为 –24 度；在 1 秒 9 帧处，设置旋转值为 0 度。

（4）制作红色红包的变速动画。选中红包层位置属性的三个关键帧，打开时间线窗口右上方的图表编辑器，调整位置属性的速度图表，让红包先加速上升，再减速上升到位置顶点，直至速度为 0。然后，又慢慢加速降落，再减速降落到位置低点，直至速度为 0。同理，调整旋转属性的速度图表，如图 3-5-12 所示。

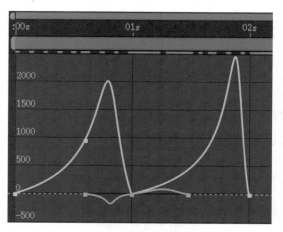

图 3-5-12　红包的位置和旋转动画速度图表

（5）制作"小红包 1"的位置和旋转动画。再拖动一个"红色红包 .png"到合成"红包动画"中，将其命名为"小红包 1.png"，调整其比例为110%。然后为其创建位置动画，让它从合成的下方进入，从上方飞出。在 0 帧处，设置其位置参数为（500.0，1132.0）；在 1 秒处，设置其位置参数为（360.0，122.0）；在 2 秒处，设置其位置参数为（456.0，–242.0）。继续为其设置旋转动画，在 0 帧处，设置旋转值为 0 度；在 15 帧处，设置旋转值为 –17 度；在 1 秒处，设置旋转值为 –23 度；在 2 秒处，设置旋转值为 0 度。位置动画效果，如图 3-5-13 所示。

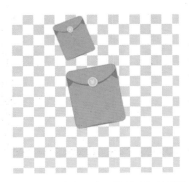

图 3-5-13　"小红包 1"位置动画效果

（6）制作"小红包 1"的变速动画。选中"小红包 1.png"层位置属性和旋转属性的关键帧，打开时间线窗口右上方的图表编辑器，调整位置属性和旋转属性的速度图表，使位置动画跟红包层的位置动画相似，如图 3-5-14 所示。

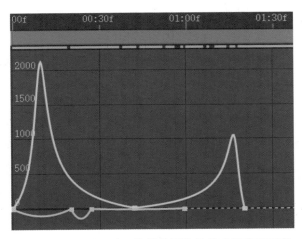

图 3-5-14　"小红包 1"的位置和旋转动画速度图表

（7）制作其他 5 个小红包的动画效果。选中"小红包 1.png"层，按下 Ctrl+D，复制出 5 层，分别命名为"小红包 2.png""小红包 3.png""小红包 4.png""小红包 5.png""小红包 6.png"，分别更改各层的位置、比例、旋转等参数，使其合理分布在大红包的四周，如图 3-5-15 所示。

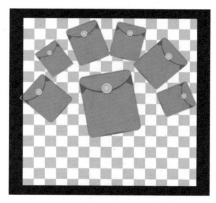

图 3-5-15　7 个红包的合成效果

7. 最终合成

（1）回到合成"淘宝小广告"，将"冰激凌动画"的入点放置在时间线 2 秒处，将"红包动画"的入点放置在时间线 4 秒处。

（2）为"翻倍 .png"层创建位置和不透明度动画，使其跟随红包的消失而消失。在 5 秒 10 帧处，设置"翻倍 .png"层的位置参数为（500.0，500.0），不透明度为 100%；在 5 秒 19 帧处，设置不透明度的值为 0；在 5 秒 20 帧处，设置位置参数为（500.0，1291.0）。

（3）至此，"淘宝小广告"动画制作完毕，按下空格键播放预览，案例的最终效果，如图 3-5-16 所示。

图 3-5-16　"淘宝小广告"动画的最终效果

三、人物冻结残影

🖱 **本例知识点**

　　冻结帧的使用。

　　残影滤镜的应用。

🖱 **实践内容**

　　为图层应用冻结帧命令，制作一个空镜头，放在合成的最前端，再复制三个相同的图层，在女孩舞蹈的不同时段，使用钢笔工具，把女孩框出来，形成一个画面中有多个跳舞的女孩的效果，再为跳舞的女孩应用残影滤镜，完成人物冻结残影效果。操作步骤如下。

1. 导入素材

　　双击项目窗口的空白处，打开"导入文件"对话框，找到本案例配套的素材"第三章\课堂案例\人物冻结残影\素材"，双击打开，将"跳舞的女孩 .mp4""可爱音乐 .mp3"导入项目窗口中。

2. 创建合成

　　在项目窗口，双击"跳舞的女孩 .mp4"，在素材监视器，设置素材的入点为 1 秒 4 帧，出点为 12 秒 1 帧。将"跳舞的女孩 .mp4"拖放到项目窗口下方的"新建合成"按钮上，创建一个合成，命名为"人物冻结残影"。

3. 制作人物冻结效果

　　（1）制作空镜头。打开合成"人物冻结残影"，选中图层"跳舞的女孩 .mp4"，按住 Ctrl+D，复制一层，并命名为"空镜"。将时间指针放到合成的最后一帧，执行菜单命令"图层 > 时间 > 冻结帧"，把该图层冻结在空镜的这一帧，使用选择工具，修剪图层的出点为 26 帧，如图 3-5-17 所示。

图 3-5-17　空镜层的冻结帧

　　（2）冻结跳舞的女孩。选中图层"跳舞的女孩 .mp4"，按住 Ctrl+D，复制一层，并命名为"跳舞的女孩 1.mp4"。将时间指针放到 1 秒 19 帧处，执行菜单命令"图层 > 时间 > 冻结帧"，把该图层冻结在这一帧。使用选择工具，修剪图层的出点为 1 秒 19 帧。

（3）框选女孩，选中图层"跳舞的女孩 1.mp4"，使用钢笔工具，沿着女孩的轮廓，将女孩框选出来。展开该图层的蒙版属性，设置蒙版羽化值为（3.0，3.0），如图 3-5-18 所示。

图 3-5-18　"跳舞的女孩 1"的蒙版绘制效果

（4）冻结第二个跳舞的女孩。选中图层"跳舞的女孩 .mp4"，按住 Ctrl+D，复制一层，并命名为"跳舞的女孩 2.mp4"。将时间指针放到 3 秒 5 帧处，执行菜单命令"图层 > 时间 > 冻结帧"，把该图层冻结在这一帧。使用选择工具，修剪图层的出点为 3 秒 5 帧。

（5）框选第二个女孩，选中图层"跳舞的女孩 2.mp4"，使用钢笔工具，沿着女孩的轮廓，将女孩框选出来。展开该图层的蒙版属性，设置蒙版羽化值为（3.0，3.0）。

（6）冻结第三个跳舞的女孩。选中图层"跳舞的女孩 .mp4"，按住 Ctrl+D，复制一层，并命名为"跳舞的女孩 3.mp4"。将时间指针放到 4 秒 7 帧处，执行菜单命令"图层 > 时间 > 冻结帧"，把该图层冻结在这一帧。使用选择工具，修剪图层的出点为 4 秒 7 帧。

（7）框选第三个女孩，选中图层"跳舞的女孩 3.mp4"，使用钢笔工具，沿着女孩的轮廓，将女孩框选出来。展开该图层的蒙版属性，设置蒙版羽化值为（3.0，3.0）。三个图层的人物冻

图 3-5-19　人物冻结效果

结效果，如图 3-5-19 所示。

4.制作人物残影效果

（1）添加残影滤镜。选中图层"跳舞的女孩 .mp4"，执行菜单命令"效果 > 时间 > 残影"，给该图层添加一个残影滤镜。在效果控件窗口，设置残影的参数，为人物添加多重残影，具体参数，如图 3-5-20 所示。

图 3-5-20　残影的参数设置

（2）制作残影的动画效果。在 5 秒 9 帧处，点击"残影时间"前面的秒表工具为其创建一个关键帧，保持其参数为 –0.233；在 5 秒 21 帧处，设置"残影时间"为 0。

5.最终合成

（1）调色。创建一个调整图层，放置到所有图层的上方，执行菜单命令"效果 > 颜色校正 > 曲线"，给该图层添加一个曲线滤镜。在效果控件窗口，调整曲线，提升图层的整体亮度，如图 3-5-21 所示。

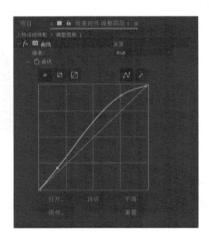

图 3-5-21　曲线的参数设置

（2）音频合成。双击项目窗口的"可爱音乐.mp3"，打开素材监视器，设置其入点为 0 帧，出点为 11 秒，将其拖放到合成的最底层，为合成配上一段欢快可爱的背景音乐，如图 3-5-22 所示。

图 3-5-22　为合成配上一段背景音乐

（3）至此，人物冻结残影制作完毕，按下空格键播放预览，案例最终效果，如图 3-5-23 所示。

图 3-5-23　人物冻结残影最终效果

本章小结

　　本章主要学习了在 After Effects 中制作关键帧动画的方法和技巧，具体包括关键帧的添加和编辑、关键帧动画的插值运算、图表编辑器的使用、时间重映射动画的制作等操作。通过三个课堂案例，加深了对上述知识的理解和运用。关键帧动画是影视特效合成的重要部分，熟练地掌握关键帧动画的制作，方可事半功倍地完成图层的动画效果。

思考与练习

　　1. 在 Photoshop 等绘图软件中，制作一个贺卡。然后在 After Effects 中利用关键帧动画的制作技巧，制作一个动态贺卡，并配上合适的音乐。

　　2. 自主设计一段剧情，并进行拍摄，然后利用时间重映射等命令，制作一个特效段落，尽量出现帧定格、快动作、慢动作等效果。

　　3. 找一个足球素材，制作足球落地弹跳的动画。

　　4. 找一个汽车素材，制作汽车启动、行驶和刹车的动画。

第四章
三维合成

本章学习目标

- 掌握图层的三维属性
- 掌握摄像机的创建和应用
- 掌握灯光层的创建和应用

本章导入

　　After Effects 中的图层默认是二维的，只有两个维度的信息，通过打开图层的三维开关，可以让图层在三维的空间进行排列和运动，结合摄像机和灯光的使用，可以模拟图层在真实空间的运动效果，创建更加复杂的空间动画。

第一节　三维图层与三维空间

现实世界的万物是由 X、Y、Z 三个坐标轴构成的三维立体空间实体，在 After Effects 中，图层默认为二维图层，只有 X、Y 两个坐标轴构成，没有深度，在旋转、变化角度上与三维空间的变化有区别。After Effects 中，除了声音以外，所有素材层都可以转化为三维图层。

一、三维图层

将一个普通的二维图层转化为三维图层，只需要在层属性开关窗口打开"三维开关"按钮即可，如图 4-1-1 所示。同时，锚点、位置、缩放和方向等变换属性，都多出了一个 Z 轴维度的参数。除此之外，图层还多了一个几何选项和材质选项。

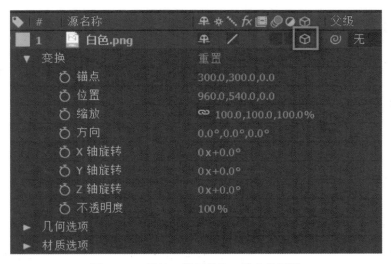

图 4-1-1　层的三维开关和三维变换属性

更改图层的变换属性，可以使图层在三维空间中进行分布和排列，从而具有更真实的立体感，如图 4-1-2 所示。此外，只有让图层具有了三维属性，才能被摄像机和灯光所控制。

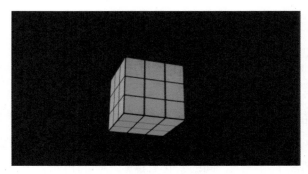

图 4-1-2　图层的三维合成效果

二、三维空间的视图

虽然对三维空间的感知并不需要通过专业的训练，是任何人都具备的本能感应，但是在制作过程中，往往会由于各种原因导致视觉错觉，无法仅通过对透视图的观察，正确判断当前三维对象的具体空间状态，因此，往往需要借助更多的视图作为参照。

在 After Effects 的空间中，有活动摄像机视图、摄像机视图、正交六视图和自定义视图等四种三维空间视图，如图 4-1-3 所示。

图 4-1-3　三维空间视图

活动摄像机视图：在这个视图中，对所有的三维图层进行操作，相当于所有摄像机的总控制台。

摄像机视图：在默认情况下是没有这个视图的。当在合成中创建一个摄像机层后，就可以在该视图下对摄像机进行调整。通常情况下，最后输出的影片都是摄像机视图所显示的影像。

正交视图：它是二维视图，每一个正交视图都由两个坐标轴定义。这些轴的不同组合产生了三对正交视图，即顶底组合、正背组合、左右组合。

自定义视图：在该视图中，可以直观地看到图层在三维空间的位置，而不受透视产生的影响。可以使用工具栏的轨道摄像机工具改变其观看视角，但是这种改变不会被记录，也不会被输出。

在进行三维创作时，虽然可以通过三维视图下拉菜单方便地切换各个视图，但是仍然不利于各个视角的参照对比，而且来回频繁地切换视图也导致创作效率低下。不过庆幸的是，After Effects 提供了多视图观测方式，可以同时多角度地观看三维空间，如图 4-1-4 所示。

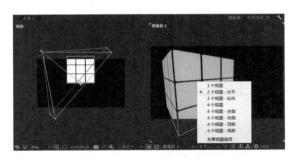

图 4-1-4　多视图观测

三、三维空间的坐标模式

在控制三维图层的时候，都会依据某种坐标模式进行轴向定位，当合成中有三维图层、灯光层或摄像机层时，会激活三维坐标模式，如图 4-1-5 所示。

图 4-1-5　三维坐标模式

本地轴模式：这是最常用的坐标模式，在这种坐标模式下，每个图层都有自己的坐标轴指向。

世界轴模式：这是一个绝对坐标模式，当对合成中的层进行旋转时，可以发现坐标轴没有任何改变，所有图层在整个合成中只有一种原始的坐标轴指向。

视图轴模式：在该模式下，X、Y 轴指向与二维一致，Z 轴对着屏幕，所有图层只有一种坐标轴指向。

第二节　摄像机的应用

一、摄像机的创建

在三维合成中，可以创建摄像机，并且对摄像机进行推、拉、摇、移等操作，产生运动摄像的效果，从而获得三维合成的空间透视效果。

创建摄像机的方法很简单，执行菜单命令"图层 > 新建 > 摄像机"，或按住快捷键 Ctrl+Shift+Alt+C，在弹出的对话框中进行设置，单击"确定"按钮完成设置，如图 4-2-1 所示。

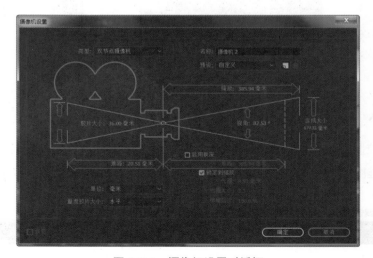

图 4-2-1　摄像机设置对话框

名称：为摄像机命名。

预设：摄像机预置，在这个下拉菜单里提供了九种常见的摄像机镜头，包括超广角（15mm—20mm）、广角（22mm—28mm）镜头，透视感强、视域开阔、景深大，适合大场面拍摄；标准镜头（35mm—80mm），介于广角和长焦镜头之间，符合常规视觉效果；长焦镜头（135mm—200mm），透视感弱、景深小、适合长距离调度拍摄等。

单位：通过此下拉框选择参数单位，包括像素、英寸、毫米三个选项。

量度胶片大小：可改变胶片尺寸的基准方向，包括水平方向、垂直方向和对角线方向三个选项。

缩放：设置摄像机到图层之间的距离，缩放的值越大，通过摄像机显示的图层就越大，视野范围也越小。

视角：角度越大，视野越宽；角度越小，视角越窄。

胶片大小：通过镜头看到的图层实际的大小，值越大，视野越大；值越小，视野越小。

焦距设置：胶片与镜头距离，焦距短，产生广角效果；焦距长，产生长焦效果。

是否启用景深功能：配合焦点距离、光圈、快门速度和模糊程度参数来使用。

焦点距离：确定从摄像机开始，到图层最清晰位置的距离。

光圈大小：在 After Effects 里，光圈与曝光没关系，仅影响景深，值越大，前后图层清晰范围就越小。

快门速度：与光圈相互影响控制景深。

控制景深模糊程度：值越大，图层越模糊。

二、摄像机动画

有四种方式可以让摄像机运动起来，从而使合成中的图层产生运动。

（一）统一摄像机工具

统一摄像机工具是三个移动摄像机工具的集合，如图 4-2-2 所示，它们的功能如下。

图 4-2-2　统一摄像机工具

轨道摄像机工具：用于旋转摄像机观察角度，快捷键是鼠标左键。

跟踪 XY 摄像机工具：摄像机沿 X、Y 轴平面移动，快捷键是鼠标中键（滑轮）。

跟踪 Z 摄像机工具：摄像机沿 Z 轴移动，快捷键是鼠标右键。

可以选择统一摄像机工具，切换鼠标的左、右、中键，在这三个工具间进行切换。

注意：这三个工具只有在摄像机视图下进行操作时才有效果。在自定义视图，使用摄像机工具对合成进行的操作，不能被最终输出。

（二）更改摄像机层的变换属性

在时间线窗口，展开摄像机层的变换属性，更改位置、方向和目标点的属性值，也可以让摄像机运动起来，如果想把这些运动记录下来，只需要给这些属性添加关键帧动画即可，如图 4-2-3 所示。

图 4-2-3　摄像机层的变换属性

（三）使用选择工具和旋转工具

在正交视图或者自定义视图，使用选择工具更改摄像机的位置，使用旋转工具更改摄像机的角度，同样可以造成摄像机的运动，从而造成合成画面的运动，如图 4-2-4 所示。

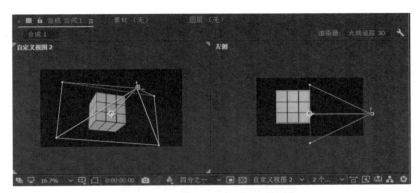

图 4-2-4　用选择或者旋转工具移动摄像机

注意：这两个工具只能在正交视图或者自定义视图下移动摄像机。

（四）使用空对象层

创建一个空对象层，然后为其变换属性添加关键帧动画，再使用父子链接功能，使摄像机层成为空对象层的子层，这样摄像机也就与空对象层一起运动起来，如图 4-2-5 所示。

图 4-2-5　将摄像机层与空对象层建立父子链接

第三节　灯光的应用

一、灯光

灯光的创建，可以让图层获得三维合成影像中的光影效果，在 After

Effects 中灯光与摄像机一样，是以图层的形式存在的。

（一）灯光层的创建

执行菜单命令"图层 > 新建 > 灯光"，或按下快捷键 Ctrl+Shift+Alt+L，即可打开"灯光设置"对话框，如图 4-3-1 所示。在该对话框对灯光的各项参数进行设置，关闭对话框后，会在合成中生成一个灯光层。

图 4-3-1　灯光设置对话框

灯光设置对话框的具体参数详解如下。

名称：给灯光层命名。

灯光类型：设置灯光类型，包括平行光、聚光灯、点光源、环境光四个选项。

颜色：点击拾色器可以选择灯光颜色。

强度：值越高，光照越强，设置为负值可产生吸光效果，当场景里有其他灯光时可通过此功能降低光照强度。

锥形角度：当灯光为聚光灯时，此项激活，相当于聚光灯的灯罩，可以控制光照范围和方向。

锥形羽化：与上一个参数配合使用，为聚光灯照射区域和不照射区域的边界设置柔和的过渡效果，值越大，边界越柔和。

阴影：勾选此项，则该灯光产生投影；不勾选此项，则不产生投影。

（二）灯光的类型

After Effects 的灯光主要有以下几种。

聚光灯：从一个点以圆锥的方式发射光线，照向目标图层，可以模拟台灯、射灯的光照效果。根据圆锥的角度，确定照射的面积。如果产生阴影，会根据灯光与图层的角度产生阴影的变形。聚光灯的光线会沿照射方向衰减。该光源适用于塑造形象。

点光：从一个点向四周发射光线，随着距离的不同，图层的受光程度也有所不同，距离越近，光照越强。该光源适用于照亮场景，像蜡烛的光照效果。

平行光：从一点平行发射一束光线照向目标图层。它模拟太阳的光照效果，照亮场景中处于目标点区域范围内的所有物体。

环境光：常用于模拟由周围环境（如大气、地面、建筑等）产生的散射光效果，环境光不投射阴影，也没有衰减，环境光通常比较弱，否则会使被照射图层失去层次感。

（三）灯光的应用

当为合成打上一盏灯光后，一般使用工具栏的选择工具，在合成窗口直接移动灯光的位置和目标兴趣点，从而更改灯光在合成中的位置，也可以使用旋转工具更改灯光的角度，如图 4-3-2 所示。

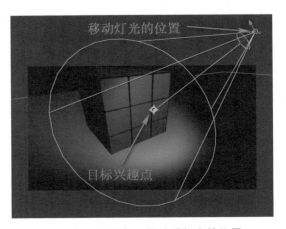

图 4-3-2　用选择工具移动灯光的位置

此外，还可以展开灯光层的变换属性，更改目标兴趣点、位置、方向等参数，从而改变灯光的位置。如果想进一步更改灯光的颜色、强度等参数，可以从灯光选项里进行修改，如图 4-3-3 所示。

图 4-3-3　灯光层的变换属性和灯光选项

在合成窗口，一盏灯光很难把整个场景照亮，可以使用三点布光法为合成添加多个灯光，达到突出主体、照亮全场的效果。

在三点布光法中，主光一般采用聚光灯，与主体对象在水平方向上呈 35—45 度夹角，在垂直方向与主体对象成 45 度左右的夹角。辅助光，用来填补阴影区及被主光遗漏的场景区域，调和明暗区域之间的反差，亮度只有主光的50%—80%，与主光在水平方向呈 90 度夹角，高度与主光保持一致。轮廓光，可以使主体与背景相分离，从而衬托出主体，一般在主体对象的后面，亮度较小，如图 4-3-4 所示。

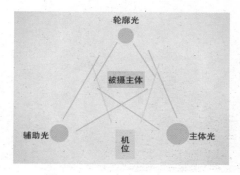

图 4-3-4　三点布光法示意图

目前 After Effects 只能渲染出灯光一次直射的光效，不能渲染经环境折射或反射所产生的光效，因此，为了避免合成中光线照射不到的地方全黑，可以再加一盏环境光。

二、材质

图层在打开三维开关后，会增加一个材质选项，用来响应合成中的灯光。创建灯光后，合成中所有的三维图层都会受到灯光的影响，产生环境、漫射、镜面反射，形成一定的质感。通过调整材质选项里的环境、漫射、镜面强度、镜面反光度等参数，可以改变三维图层的质感，如图 4-3-5 所示。

图 4-3-5 三维图层的材质选项

此外，材质选项还可以设置该三维图层是否接受灯光层的照射，是否接受灯光投射的阴影，是否产生投影等效果。

三、投影

在三维合成中，还可以利用灯光产生投影效果，投影的产生需要满足以下三个条件。

一是产生投影的灯光，需要在灯光选项开启"投影"选项，环境光是没有投影的，其他类型的灯光都可以产生投影，如图 4-3-6 所示。

图 4-3-6　投射阴影的灯光层设置

　　二是接受灯光照射的图层，需要在材质选项开启"投影"选项，如图 4-3-7 所示。

　　三是接受阴影的图层，需要在材质选项开启"接受阴影"选项，如图 4-3-8 所示。

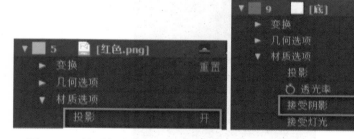

图 4-3-7　接受灯光照射的图层设置　　　　图 4-3-8　接受阴影的图层设置

三维图层的灯光投影效果，如图 4-3-9 所示。

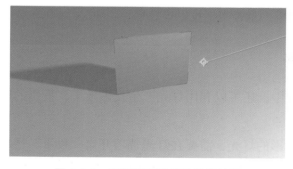

图 4-3-9　三维图层的灯光投影效果

注意：当一个合成中，有多盏灯光时，一般只有主光打开投影，其他灯光的投影都需要关闭，以免场景产生多重投影。

第四节　课堂案例

本节通过三个案例来讲解本章比较重要的几个知识点——图层的三维属性、摄像机的应用和灯光的应用。

一、三维空间文字

⁁ **本例知识点**

　　图层的三维属性。
　　字符窗口的应用。

⁁ **实践内容**

　　使用文字工具创建多个文字层，为各行文字设置合适的大小、颜色及位置。打开文字层的三维开关，更改文字层的位置和旋转等变换属性，使其放置在三维空间的墙面、地面、桌面等地。操作步骤如下。

1. 导入素材

双击项目窗口的空白处，打开"导入文件"对话框，找到本案例配套的素材"第四章\课堂案例\三维空间文字\素材"，将"客厅.jpg"导入项目窗口中。

2. 新建合成

选中"客厅.jpg"将其拖放到"新建合成"按钮上，创建一个新的合成，将其重命名为"三维空间文字"。

3. 制作文字

（1）输入文字。使用工具栏的文字工具，在合成窗口输入"电视机"三个字，在字符窗口设置文字的字体、颜色、大小等参数，如图 4-4-1 所示。将文字放到合成窗口的电视机上。

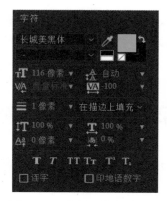

图 4-4-1　电视机的字符设置

（2）使用直排文字工具，输入文字"沙发"。在字符窗口设置字符间距为 100，其他参数与电视机相同，将其放到合成窗口的沙发上面。

（3）输入文字"壁画"，字符窗口的参数设置与电视机相同，将其放到合成窗口的壁画上面。

（4）输入文字"地板"，字符窗口的参数设置与电视机相同，将其放到合成窗口的地板上面。

（5）使用直排文字工具，输入文字"天花板"，字符窗口的参数设置与文字"沙发"相同，将其放到合成窗口的天花板旁边。

（6）各文字图层的最终合成效果，如图 4-4-2 所示。

图 4-4-2　各文字图层的最终合成效果

4. 制作三维空间文字

（1）打开所有文字层的三维开关。

（2）在时间线窗口，展开"电视机"层的变换属性，更改 Y 轴旋转的值为 –90 度，使其与电视机平行。更改缩放的数值为（208.0，208.0，208.0%），同时更改位置参数为（232.0，514.0，0.0），使文字居中放置在电视机上，并与电视机平行，如图 4-4-3 所示。

图 4-4-3 电视机层的三维属性及合成效果

（3）在时间线窗口，展开"沙发"层的变换属性，更改 X 轴旋转的值为 –85 度，更改 Z 轴旋转的值为 –7 度，同时设置它的位置为（1154.0，796.0，0.0），使文字平躺在沙发上。

（4）在时间线窗口，展开"壁画"层的变换属性，更改 Y 轴旋转的值为 78 度，更改缩放的数值为（184.0，184.0，184.0%），同时更改位置参数为（1209.3，460.0，–6.0），使其贴合在墙面的壁画上，如图 4-4-4 所示。

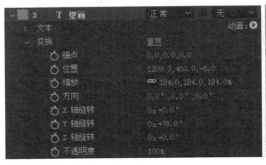

图 4-4-4 壁画层的三维属性及合成效果

（5）在时间线窗口，选中"地板"层，更改其位置、缩放和 X 轴旋转等属性参数值，使其躺在地板上，具体参数及合成效果，如图 4-4-5 所示。

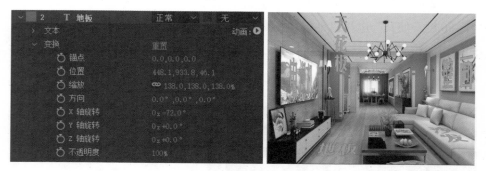

图 4-4-5　地板层的参数设置及合成效果

（6）在时间线窗口，选中"天花板"层，更改其位置、缩放和 X 轴旋转属性参数值，使其贴在天花板上，具体参数，如图 4-4-6 所示。

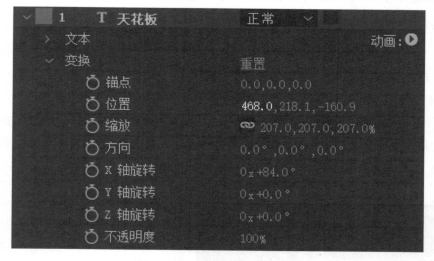

图 4-4-6　天花板层的参数设置

（7）至此，所有图层的三维变换属性调整完毕，按下空格键播放预览，案例的最终效果，如图 4-4-7 所示。

图 4-4-7 三维空间文字的最终效果

二、三维造型

🖰 **本例知识点**

　　3D 渲染器的应用。

　　摄像机图层、灯光层的应用。

　　三维图层的几何选项、材质选项的运用。

　　网格和 CC Repe Tile 滤镜的应用。

🖰 **实践内容**

　　使用文字工具创建文字层，并打开它的三维开关。创建一个纯色层，通过为其添加网格和 CC Repe Tile 滤镜，使其变成一个地面。依次创建摄像机和主光、辅助光、环境光。打开合成的 3D 渲染器，使文字层具有三维效果，并设置它的反射和投影效果。最后，创建摄像机动画。操作步骤如下。

1. 创建合成

　　执行菜单命令"合成>新建合成"，打开"合成设置"对话框，选择合成预设为"PAL D1/DV"，创建一个标清制式的合成，设置持续时间为 3 秒。

2. 创建文字

　　（1）创建文字层。使用工具栏的横排文字工具，在合成窗口输入文字"影视后期"，在字符窗口设置文字的字体、尺寸和填充等参数，并在时间线窗口，打开该文字层的三维开关，如图 4-4-8 所示。

图 4-4-8　输入文字后的效果

（2）创建地面图层。执行菜单命令"图层 > 新建 > 纯色"，打开"纯色设置"对话框，设置纯色层的颜色为淡蓝色，大小与合成一样，名称为"地面"。

（3）将地面层放置到文字的下方，打开其三维开关，展开地面层的变换属性，设置 X 轴的旋转角度为 90 度，调整地面层位置参数的数值，使文字放置在地面层的上方，并靠地面前面，如图 4-4-9 所示。

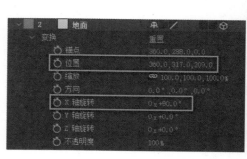

图 4-4-9　调整地面层的变换属性

3. 创建摄像机

（1）创建摄像机层。执行菜单命令"图层 > 新建 > 摄像机"，打开"摄像机设置"对话框，预设选择"50 毫米"，创建一个标准镜头的摄像机。

（2）使用工具栏的统一摄像机工具，调整摄像机的机位和目标兴趣点，也可以在时间线面板展开摄像机图层，在变换属性那里，调整这两项参数，调整后的效果，如图 4-4-10 所示。

图 4-4-10　创建和调整摄像机层

4. 创建地面网格效果

（1）调整地面图层的效果。选择地面图层，执行菜单命令"效果 > 风格化 >CC Repe Tile"，为地面添加瓦片平铺效果。在效果控件窗口，调整 CC Repe Tile 的参数，使地面填满合成，如图 4-4-11 所示。

（2）选择地面图层，执行菜单命令"效果 > 生成 > 网格"，为地面添加网格效果。在效果控件窗口，调整网格的参数，改变网格的大小和混合模式。

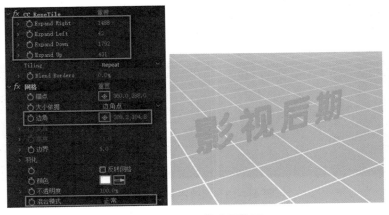

图 4-4-11　调整地面效果

5. 创建灯光

（1）创建主光源。执行菜单命令"图层 > 新建 > 灯光"，为合成添加一盏灯光。在"灯光设置"对话框，选择灯光类型为聚光灯、强度为 120%、锥形角度为 128 度、锥形羽化为 60%，并打开投影选项，如图 4-4-12 所示。

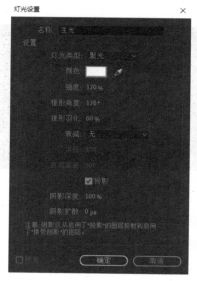

图 4-4-12　创建和设置主光

（2）设置主光的位置。选中主光层，使用选择工具，结合顶视图、左视图、右视图、摄像机视图，调整灯光层的位置和目标兴趣点，也可以展开灯光层的变换属性，调整灯光层的位置参数，使灯光在文字的右上方，如图 4-4-13 所示。

图 4-4-13　调整主光层的位置

（3）创建辅助光。按照同样的方法，创建一个辅助光，灯光类型选择"平行光"，强度设置为 50%。调整辅助光的位置在文字的左后方。

（4）创建环境光。按照同样的方法，创建一个环境光，灯光类型选择"环境光"，强度设置为 20%，如图 4-4-14 所示。

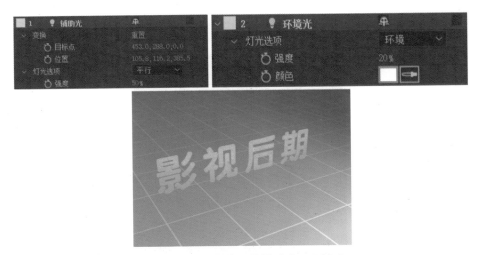

图 4-4-14 创建和调整辅助光、环境光

6. 创建三维图层

（1）设置渲染器。在项目窗口，选择合成"三维造型"，右击选择快捷命令"合成设置"，在"合成设置"对话框，点击 3D 渲染器选项卡，渲染器选择"CINIMA 4D"。

（2）设置文字的几何选项。展开文字层的几何选项参数组，设置斜面样式为凸面，凸出深度为 24.0，如图 4-4-15 所示。

图 4-4-15 文字层的几何选项

（3）设置环境层。在项目窗口，导入素材"背景图片.jpg"，调整其比例为 158%，并打开它的三维开关，右击该图层，选择快捷菜单命令"环境图层"，将它变成环境图层。

（4）调整地面层的反射效果。选择地面层，展开它的材质选项，设置其反射强度为 20%，反射锐度为 40%，如图 4-4-16 所示。

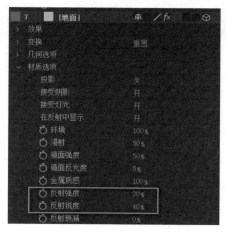

图 4-4-16 调整地面层的反射效果

（5）调整文字层的反射效果。选择文字层，展开它的材质选项，设置其镜面强度为 100%，镜面反光度为 8%，反射强度为 24%，反射锐度为 40%，如图 4-4-17 所示。

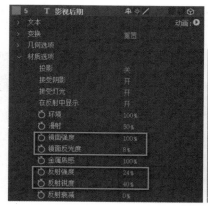

图 4-4-17 调整文字层的反射效果

（6）创建文字层的投影效果。展开文字层的材质选项，设置投影的状态为"开"，展开地面层的材质选项，设置接受阴影的状态为"开"，展开主光源的灯光选项，设置投影的状态为"开"，展开辅助光源的灯光选项，设置投影的状态为"关"，这样只为文字层设置一个投影，如图 4-4-18 所示。

图 4-4-18　为文字层设置投影

7. 创建摄像机动画

（1）展开摄像机层的变换属性，在 0 帧处为位置添加一个关键帧，设置位置参数为（−378.3，−143.9，−598.3）。在 23 帧处，调整位置的参数为（308.6，−143.9，−892.5）模拟制作一个从左向右摇的镜头。

（2）至此，三维文字制作完毕，按下空格键播放预览，案例的最终效果，如图 4-4-19 所示。

图 4-4-19　最终效果

三、国风三维片头制作

本例知识点

图层的三维属性的应用。

摄像机动画的制作。

空对象层的应用。

实践内容

利用蒙版等操作，拼接"场景 1"的远景元素，通过复制图层，并调整图层的三维属性，搭建"场景1"的中景和近景。创建空对象层和摄像机层的父子链接，通过制作空对象层的位置动画，制作摄像机先拉再下移的动画。用同样的方法制作"场景2"，并制作摄像机下移动画。操作步骤如下。

1. 创建合成

执行菜单命令"合成＞新建合成"，打开"合成设置"对话框，选择合成预设为"HDTV 1080 25"，创建一个高清制式的合成，设置持续时间为30秒。

2. 导入素材

双击项目窗口的空白处，打开"导入文件"对话框，找到本案例配套的素材"第四章\课堂案例\国风三维片头制作\素材"，将里面的一系列素材导入项目窗口中。

3. 搭建"场景1"的远景

（1）把素材"远山红黄.png"拖放到合成中，并打开它的三维开关。

（2）创建摄像机。执行菜单命令"图层＞新建＞摄像机"，打开"摄像机设置"对话框，选择预设为"35毫米"，创建一个摄像机。使用工具栏的统一摄像机工具，移动摄像机的位置，使图层的原貌呈现在合成中，如图4-4-20所示。

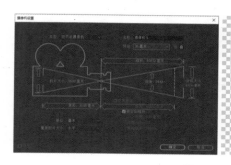

图 4-4-20　创建摄像机

（3）拼接左侧场景。选中图层"远山红黄.png"，按下快捷键Ctrl+D，复制一层。移动复制出来的这个图层到原图层的左侧，同时，更改Y轴旋转的参数为180度，使两个图层拼接在一起。使用钢笔工具为新复制的图层绘制一个蒙版，透明掉图层最左侧的内容，如图4-4-21所示。

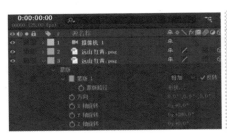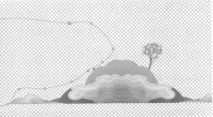

图 4-4-21　拼接左侧场景

（4）拼接右侧场景。重复步骤 3 的方法，复制一个新的图层，将其沿 Y 轴旋转 180 度，然后为其绘制一个蒙版，透明掉图层最右侧的内容，然后与原图层进行拼接，如图 4-4-22 所示。

图 4-4-22　拼接右侧场景

（5）远景场景拼接完毕，选中除摄像机层外的其他三个图层，按下快捷键 Ctrl+Shift+C，将三个图层打包为一个预合成，命名为"远山"，同时打开图层的"栅格化"开关，远景的效果，如图 4-4-23 所示。

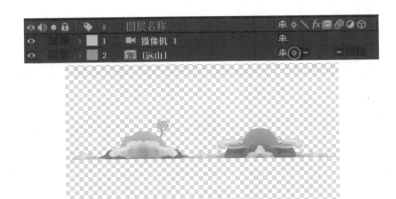

图 4-4-23　搭建远景最终效果

4. 搭建"场景 1"的中景

（1）树的合成。从项目窗口中，把素材"树 .png"拖放到合成中，并打开它的三维开关。调整该图层的位置和比例，使其放置在远山的前面。可以打开两视图模式，便于观察图层在空间中的位置关系，如图 4-4-24 所示。

图 4-4-24　树与远山的合成

（2）制作多层树。选中图层"树 .png"，复制出多个图层，分别调整它们的比例和位置，使其排列在三维空间中，如图 4-4-25 所示。

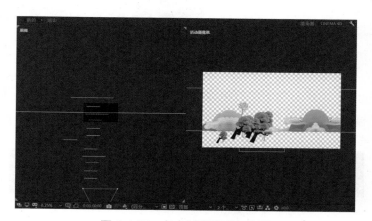

图 4-4-25　多个树的排列和位置

（3）制作多层白云。从项目窗口中，把素材"白云 .png"拖放到合成中，并打开它的三维开关。选中图层"白云 .png"，复制多层，把这些图层放到树干部分，对树干进行遮挡，同时营造云雾缭绕的效果，如图 4-4-26 所示。

图 4-4-26　制作多层白云

（4）创建背景层。执行菜单命令"图层 > 新建 > 纯色"，创建一个纯色层，颜色设置为淡灰色（198，198，198），如图 4-4-27 所示。

图 4-4-27　制作背景

（5）添加海浪。从项目窗口中，把素材"海浪 .png"拖放到合成中，放置到摄像机层的下方，并打开它的三维开关。调整图层的比例为 130%，设置位置参数为（960.0，420.0，–4048.0），让它在树和远山的前面。

（6）制作多层海浪。选中图层"海浪 .png"，按下 Ctrl+D 键，复制两层，分别调整它们的位置参数，使它们更加靠近摄像机，并形成一定的层次感，如图 4-4-28 所示。

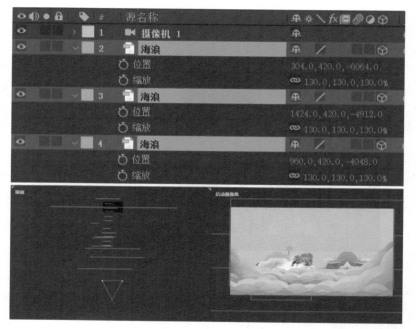

图 4-4-28　制作多层海浪

（7）制作右侧的云雾。从项目窗口中，把素材"白云 1.png"拖放到合成中，并打开它的三维开关。选中图层"白云 1.png"，复制一层，把这两个图层放到合成的右侧空白部分，继续营造右侧云雾缭绕的效果，如图 4-4-29 所示。

图 4-4-29　制作右侧的云雾

5. 搭建"场景 1"的近景

（1）搭建宫殿。从项目窗口中，把素材"宫殿 .png"拖放到合成中，并打开它的三维开关。调整图层的比例为 259.0%，同时调整位置参数为（960.0，672.0，−7572.0），使宫殿放在海浪的前面，效果如图 4-4-30 所示。

图 4-4-30　搭建宫殿

（2）制作宫殿的倒影。选中图层"宫殿 .png"，复制一层，设置其 X 轴旋转的角度为 180 度，把它倒立过来，同时调整它的位置参数为（960.0，974.0，–7572.0），设置其不透明度为 77.0%，效果如图 4-4-31 所示。

图 4-4-31　宫殿倒影

（3）制作樱花树。从项目窗口中，把素材"樱花 .png"拖放到合成中，并打开它的三维开关。调整图层的比例为 41.0%，同时调整位置参数为（393.5，702.5，–7532.0），使它在宫殿的左侧。复制一层樱花，把它放置到宫殿的右侧，效果如图 4-4-32 所示。

图 4-4-32　制作樱花

6. 制作摄像机动画

（1）定位摄像机的初始位置。把场景中的摄像机推到合成中什么都没有的位置，此时摄像机的位置参数是（0.0，0.0，27.3），如图 4-4-33 所示。

图 4-4-33　摄像机位置

（2）创建空对象层。执行菜单命令"图层 > 新建 > 空对象"，创建一个空对象层，并打开它的三维开关。

（3）创建摄像机动画。将摄像机层的父子链接指向空对象，创建两者的父子链接。在 0 帧处，设置空对象层的位置参数为（960.0，540.0，73.0），并为其添加一个关键帧；在 8 秒处，设置它的位置参数为（960.0，540.0，–4815.0）；在 14 秒处，设置它的位置参数为（960.0，540.0，–8457.7），从而创建摄像机拉镜头的动画效果，如图 4-4-34 所示。

图 4-4-34　摄像机动画

7. "场景 2"的制作

（1）继续创建摄像机动画。在 20 秒处，设置空对象层的位置参数为（960.0，540.0，–9107.7），使其继续后移，制作摄像机后移动画。

（2）添加云雾。把素材"白云 .png"拖放到合成中，设置其位置参数为
（1352.0，796.0，–7584.0），比例为 40.0%，放置在宫殿和樱花树的前方
进行遮挡。再复制四层白云，分别调整其位置和比例，使其放在合成中的
不同位置，遮挡海浪、宫殿等物体，并营造云雾缭绕的效果，如图 4-4-35
所示。

图 4-4-35　制作前景云雾效果

（3）制作转场后的背景。把素材"场景 2 背景 .jpg"拖放到合成中，设
置其位置参数为（976.1，2164.6，–7541.0），比例为 217.0%，放置在宫殿倒
影的下方。

（4）制作摄像机下移的动画。在 24 秒处，设置空对象层的位置参数为
（960.0，1466.0，–9405.7），使空对象层向下移动，从而制作摄像机下移动画，
如图 4-4-36 所示。

图 4-4-36　制作摄像机下移动画

（5）添加梨花树。把素材"梨花 .png"拖放到合成中，设置其位置参数
为（980.0，1480.0，–8224.0），比例为 57.0%，放置在"场景 2"背景层的前方，
如图 4-4-37 所示。

图 4-4-37　放置梨花树

（6）制作摄像机后移的动画。在 27 秒处，设置空对象层的位置参数为（960.0，1466.0，−9768.7），使空对象层向后移动，从而制作摄像机后移动画；在 24 秒 16 帧处，选中前一个场景中的所有图层内容，按下快捷键 Alt+]，设置这些图层的出点为 24 秒 16 帧，从而解决摄像机动画过程中的穿帮画面。

（7）制作前景的梨花树枝。把素材"梨花 2.png"拖放到合成中，设置其位置参数为（1843.1，1660.4，−8480.3），放置在梨花树右前方。选中图层"梨花 2.png"，复制一层，设置其位置参数为（565.2，2391.4，−7639.1），沿 Y 轴旋转 178 度，沿 Z 轴旋转 71 度，放置在梨花树左前方，如图 4-4-38 所示。

图 4-4-38　制作前景的梨花树枝

（8）添加剧名。把素材"logo.jpg"拖放到合成中，设置其位置参数为（969.1，1655.4，−8315.6），比例为 42.0%，放置在梨花树的前方，设置图层的混合模式为"变亮"。

（9）至此，三维造型制作完毕，按下空格键播放预览，案例的最终效果，如图 4-4-39 所示。

图 4-4-39　最终效果

🖱 **本章小结**

　　本章主要学习了三维图层合成的相关操作，具体包括图层的三维属性设置、摄像机图层的应用和灯光层的应用，并通过三个案例，巩固上述知识的理解和运用。灵活地掌握三维合成的操作，才可以创作出各种三维合成效果。

🖱 **思考与练习**

　　1. 制作一个立方体，并添加摄像机使其转动一圈。

　　2. 制作一个三维场景，利用三点布光法，在场景中打上三盏灯光，体会各类灯光的特点。

　　3. 利用 3D 渲染器制作一个三维效果的动态标题文字。

第五章
文字与图形的创建与应用

本章学习目标

- 掌握文字的创建和版式设计
- 掌握文字层的文本属性动画
- 掌握文字滤镜的应用
- 掌握图形的绘制和动画制作

本章导入

　　在 After Effects 中，文字是一个重要的视频制作元素，它常常用来做栏目包装的定版文字、影视剧片头文字、影视预告片文字、电视广告的广告语等。图形在后期特效中作为文字的补充说明，起着美化版面的作用。如果在 Photoshop 中或者 Illustrator 中使用过文本工具和绘画工具，那么在 After Effects 中的学习将变得简单。对于文字的编辑和图形的绘制，After Effects 与上述两个软件有很多相同之处，但是 After Effects 对文字和图形的处理能力更加强大。本章将讲解 After Effects 的文字工具和绘画工具的应用。

第一节　文字的创建与版式设计

在 After Effects 中，可以灵活而又精确地创建文字，在字符和段落窗口对文字进行版式设计和段落排版。同时，还可以通过图层样式，为文字添加更为复杂多变的样式效果，如渐变填充、斜面和浮雕、投影等，制作出更为精美的文字。

一、创建文字

在 After Effects 中，文字是以图层的形式单独存在的，创建文字层的方法有以下几种。

（一）使用文字工具

After Effects 中的文字工具有两种，分别是横排文字工具和直排文字工具，创建水平和垂直方向的文字，如图 5-1-1 所示。用鼠标单击某个文字工具，然后在合成窗口点击鼠标，出现文字光标，这时在时间线窗口，会自动创建一个文字层，在光标后输入所需文字即可，如图 5-1-2 所示。

图 5-1-1　横排文字工具和直排文字工具

图 5-1-2　在合成窗口输入文字

123

（二）使用菜单命令

执行菜单命令"图层 > 新建 > 文本"，也可以创建文字层，并在合成窗口中显示文字光标，在光标后面输入文字即可。

提示： 在时间线窗口，右击鼠标，在弹出的快捷菜单中选择"新建 > 文本"命令，也可以创建文字层。

（三）使用文字滤镜

在效果菜单中，有四个跟文字相关的滤镜也可以创建文字。

执行菜单命令"效果 > 过时 > 基本文字"或者"效果 > 过时 > 路径文本"，可以创建文字。执行菜单命令"效果 > 文本 > 编号"或者"效果 > 文本 > 时间码"，也可以创建文字，如图 5-1-3 和图 5-1-4 所示。

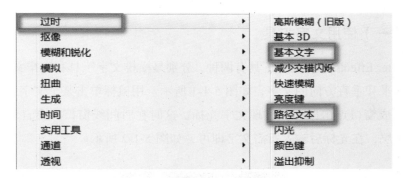

图 5-1-3　过时菜单中的文字滤镜

图 5-1-4　文本菜单中的文字滤镜

注意： 使用文字滤镜创建文字，必须首先选中一个图层，再执行菜单命令，生成的文字将合成在图层上。

在 After Effects 中，文字层和其他图层的操作基本相同，可以为文字层应用滤镜和表达式，可以为其设置变换属性的关键帧动画，还可以把它们转化成三维图层。文字层和其他层的主要区别是不能在图层窗口中打开文字层。

二、文字的版式设计

输入文字后，可以在字符和段落窗口，对文字的样式和版式进行编辑。

（一）字符窗口

选中文字，执行菜单命令"窗口＞字符"，打开字符窗口，在该窗口中可以设置文字的字体、字号、填充、描边、比例等参数，如图5-1-5所示。

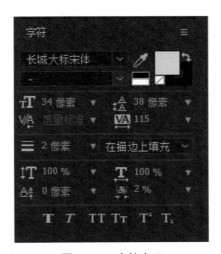

图 5-1-5　字符窗口

技巧：可以使用字符窗口，对整行文字进行样式设置，也可以选中一行文字中的几个文字，对它的填充、描边等参数进行单独的设置。

（二）段落窗口

在选中文字工具的情况下，在合成窗口按下鼠标，可以拖拉出一个文本框，在里面输入段落文字。如果需要对段落文字进行排版设置，可以选中文字，执行菜单命令"窗口＞段落"，打开段落窗口。该窗口提供了左对齐、居中对齐、右对齐、匀齐最后行靠左、匀齐最后行居中、匀齐最后行靠右和两边对齐共七种对齐方式，其中左对齐是默认的对齐方式。此外，段落窗口还设置了五种缩进方式的按钮，分别是左缩进、右缩进、段前间距设置、段后间距设置、首行缩进，如图5-1-6所示。

图 5-1-6　段落窗口

第二节　文字动画

文字层有两个默认的图层属性：文本属性和变换属性。文字层的变换属性和其他图层一样，包括锚点、位置、比例、缩放和不透明度，可以为这些属性设置关键帧动画，从而使文字具有动画效果。除此之外，还可以使用以下几种方式创建文字动画。

一是使用文本属性中的源文本属性和路径选项属性，创建源文本动画和路径文字动画。

二是使用文本动画控制器，创建一定字符范围的文字动画。

三是使用效果菜单中的文字滤镜，创建文字动画。

一、源文本动画

展开文字层，在文本属性下，可以发现子属性——源文本。使用源文本属性可以创建字符内容、填充进行突变的定格插值关键帧动画。源文本动画的关键帧记录的是字符和段落窗口的具体设置和输入的文字内容。

源文本动画的具体操作如下。

第一步，在时间线窗口，展开文字层的源文本属性。

第二步，单击源文本左侧的秒表按钮，创建第一个关键帧，如图 5-2-1 所示。在字符窗口设置文字的字体、大小、颜色等，这个关键帧会记录下当前字符窗口的参数设置及当前文字的内容。

第三步，把时间指针移动到第一处需要文字发生变化的帧，并在字符窗口改变文字的字体、大小、颜色等参数值，这时会自动添加第二个关键帧。

图 5-2-1　为源文本属性添加关键帧

第四步，按上述方法创建其他关键帧，即可创建文字的定格插值关键帧动画。

二、路径选项动画

展开文字层，在文本属性下，可以发现子属性——路径选项，它可以创建沿路径排列的文字。

（一）路径的绘制

可以使用工具栏的绘图工具为文字层绘制路径。其中，矩形工具、圆角矩形工具、椭圆工具、多边形工具和星形工具，可以创建规则形状的闭合式路径，钢笔工具可以绘制不规则形状的开放式路径或闭合式路径，如图 5-2-2 和图 5-2-3 所示。

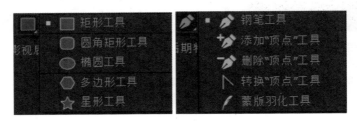

图 5-2-2　矩形工具　　　　图 5-2-3　钢笔工具

提示：在为文字层绘制路径时，一定要选中该图层，再使用钢笔或者矩形工具进行绘制。

当为文字层绘制了闭合式路径时，该路径线同时作为蒙版使用，这时需要关闭它的蒙版功能，只保留它的路径功能。具体方法是在绘制完路径后，展开文字层的蒙版属性，将蒙版的模式设置为"无"，如图 5-2-4 所示。

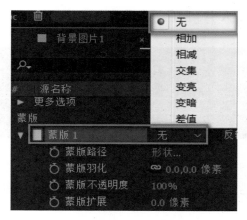

图 5-2-4　关闭路径的蒙版功能

（二）路径选项

当为文字层绘制完路径后，展开它的路径选项，在路径一栏的下拉列表框中，选择某一条路径，即可让文字沿该路径进行排列，如图 5-2-5 和图 5-2-6所示。

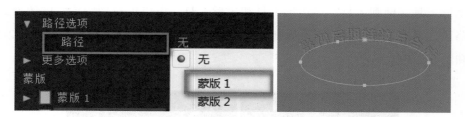

图 5-2-5　为文字层选择一个路径　　　　图 5-2-6　文字沿路径排列

路径选项一共有五个参数，用来调整路径文字的具体效果，如图 5-2-7所示。

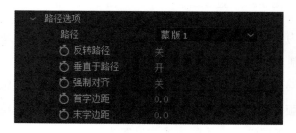

图 5-2-7　路径选项

　　反转路径：默认是关闭的状态，如果开启，则反转文字在路径线上的方向。

　　垂直于路径：默认是开的状态，此时，文字分别垂直于路径。在关闭的状态下，文字垂直于整个合成窗口。

　　强制对齐：默认是关的状态，如果开启，文字会铺满整个路径线，并且文字之间有相同的字间距。

　　首字边距：设置第一个字符离路径线起始点的距离。

　　末字边距：设置最后一个字符离路径线起始点的距离。

（三）制作路径文字动画

　　路径文字的五个选项前面均有秒表按钮，意味着可以为其创建关键帧动画，但是反转路径、垂直于路径和强制对齐只能创建定格插值动画，一般很少用到。大多数情况是给首字边距或末字边距创建关键帧动画。

　　路径文字动画的具体操作如下。

　　第一步，使用文字工具在合成窗口输入文字，从而创建文字层。

　　第二步，为文字层绘制路径，关闭它的蒙版功能。

　　第三步，展开文字层的路径选项，选择刚才绘制的路径作为该层的路径。

　　第四步，设置路径选项的参数，调整文字沿路径排列的样式。

　　第五步，更改文字层的首字边距的参数值，使文字在路径线的合适位置，并添加第一个关键帧。

　　第六步，将时间指针放到合适的时间，更改首字边距的参数值，添加第二个关键帧。

　　第七步，预览路径文字动画的效果。

　　技巧：如果要使用"首字边距"或者"末字边距"制作文字动画，那么文字在段落窗口的对齐方式要选择"居中对齐"，并且关闭"强制对齐"。

三、文本动画控制器

　　文本动画控制器是 After Effects 专门为文字设置动画的一组属性集。相比文本层的变换属性动画，文本动画控制器可以制作更为复杂、精巧和多样的文字动画。

（一）动画控制器属性

展开文字层，在文本属性的右侧，即可看到动画按钮，点击该按钮打开一个菜单，如图 5-2-8 所示，该菜单列出了动画控制器的属性集。多数动画控制器属性与层的变换属性是相同的，如位置、缩放、不透明度等，也有一些属性是不同的，下面介绍一下动画控制器的属性。

图 5-2-8　文本动画控制器的属性集

启用逐字 3D 化：用于启用字符的 3D 功能。

锚点：设置字符的锚点。

位置：设置字符的位置。

缩放：设置字符的比例。

倾斜：设置字符的倾斜度。

旋转：设置字符的角度。

不透明度：设置字符的不透明度。

全部变换属性：把所有的变换属性都添加到动画控制器组中。

填充颜色：设置字符的颜色变化。

描边颜色：设置字符的描边颜色。

描边宽度：设置字符的描边宽度。

字符间距：设置字符的间距。

行锚点：设置每行文本的字间距对齐方式。

行距：设置字符的行间距。

字符位移：根据输入的数值，使数字或者字母进行内容的偏移。

字符值：修改这个属性的参数值，可以用一个由新值确定的字符替换之前的字符。

模糊：为字符设置高斯模糊效果。

（二）选择器

选择器类似于一个遮罩，使用它可以在文字层指定一个范围，在该范围内，字符根据动画控制器的设置产生动画效果。每个动画器组都包含一个默认的范围选择器，如果要添加新的选择器，在时间线窗口，从"添加"菜单中选择"选择器"选项，然后从子菜单选择"范围"或者"摆动"即可，如图 5-2-9 所示。

图 5-2-9　添加新的选择器

After Effects 一共有三类选择器，分别是范围选择器、摆动选择器和表达式选择器。

1. 范围选择器

范围选择器主要用于设置文字的选择范围，通过三个子属性设置字符的范围，如图 5-2-10 所示。

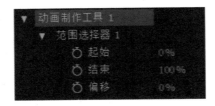

图 5-2-10　范围选择器

起始：设置范围的开始点，默认数值是 0%，默认位置在字符块的最左侧。

结束：设置范围的结束点，默认数值是 100%，默认位置在字符块的最右侧。

偏移：设置范围选择器的位置偏移，默认数值为 0% 时，开始点和结束点保持在用户设置的位置；数值为 100% 时，开始点和结束点移动到字符块的最右端；数值为 –100% 时，开始点和结束点移动到字符块的最左端。

2. 摆动选择器

摆动选择器可以独立使用，也可以用作范围选择器的辅助，如图 5-2-11所示。

图 5-2-11　摆动选择器

模式：设置每个选择器与上部选择器的合并方式。

最大量：决定摆动选择器随机展开或缩短选区的最大值。

最小量：决定摆动选择器随机展开或缩短选区的最小值。

依据：用于设置摆动选择器控制的基数，包括空间、字符、单词和字符行等。

摇摆 / 秒：决定字符每秒的波动次数。

关联：决定单个字符改变的随机性。

时间相位：使字符动画随时间而改变。

空间相位：使字符动画随空间而改变。

锁定维度：使摆动选择器均等地修改多维属性的维数。

随机植入：通过制定数值改变动画的开始时间。

3. 表达式选择器

使用表达式选择器可以动态地指定字符受动画控制器属性影响的程度，

而且能够使字符产生随机的变化，如图 5-2-12 所示。

图 5-2-12　表达式选择器

依据：用于设置表达式选择器控制的基数，包括空间、字符、单词和字符行等。

数量：设置动画控制器属性对于字符范围影响的程度。

（三）用文本动画控制器制作文字动画

下面简单介绍使用动画控制器制作文字动画的步骤。

第一步，在时间线窗口展开文字层的文本属性，点击右方的"动画"按钮，根据需要从子菜单中选择一个子属性，如选择位置属性。

第二步，在时间线窗口用鼠标调整位置属性的 Y 轴值，让文字移动到合成窗口的下方。

第三步，展开范围选择器，在 0 帧处，设置开始的参数值为 0%，并添加第一个关键帧。将时间指针移动到 2 秒处，设置开始的参数值为 100%。

第四步，预览该动画效果，如图 5-2-13 所示。

图 5-2-13　文字动画效果

技巧：如果要在当前的动画控制器中添加新的属性，那么在时间线窗口中选择动画控制器组，并从"添加"菜单选择一个属性，这样新的属性就会显示在当前动画控制器组中，并受当前范围选择器的控制。

（四）文字动画预设的调用和保存

After Effects 提供了大量的文字动画预设，都放置在效果和预设窗口。如果要应用其中的某个预设，需要先选中文字，然后打开效果和预设窗口，打开"Presets"文件夹，打开"Text"文件夹，然后选择一个预设大类，如"Animate In"，再从里面选择一项动画预设直接拖到文字层，或者拖到合成窗口的文字上，如图 5-2-14 所示。此时，文字便具有了动画效果。

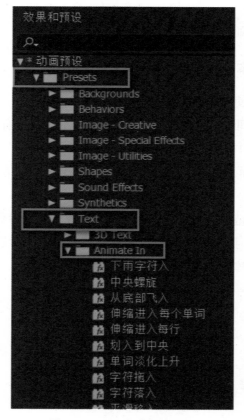

图 5-2-14　文字动画的预设

应用动画预设后，在时间线窗口，展开文字层的文本属性，会发现多了一个"动画 1"，软件为它的一些参数自动设置了关键帧，如图 5-2-15 所示。可以在此动画的基础上，进行进一步的修改。如果要删除动画预设效果，选中"动画 1"，删除即可。

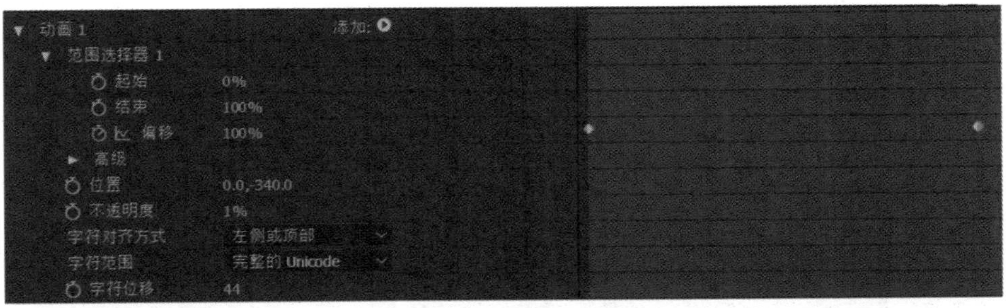

图 5-2-15 文字层的预设动画参数及关键帧设置

如果想把做好的文字动画保存为动画预设，首先需要在时间线窗口选中该动画控制器组，然后在效果和预设窗口的菜单中，选择"保存动画预设"，就可以把该动画保存到效果和预设窗口的"User Presets"文件夹了。

四、文字滤镜动画

在效果菜单的"过时"和"文本"中，存放了一些文字滤镜，这些文字滤镜也可以用来创建各种文字动画。值得注意的是，这些文字滤镜一般不添加给文字层，而是添加给素材层或者纯色层，再结合其他滤镜完成更加复杂的文字动画。

（一）编号

执行菜单命令"效果 > 文本 > 编号"，为图层添加编号滤镜。它可以随机产生不同格式的数字效果，包括数目、时间码、日期和 16 进制数字等。在添加编号后，系统会自动弹出对话框，在该对话框中对数字的字体、风格、排列、方向进行设置，如图 5-2-16 所示。在设置完毕后，单击"确定"按钮，自动跳转到效果控件窗口。

通过编号的效果控件窗口还可以对数字进行类型、填充和描边、大小、字符间距、比例间距、在原始图像上合成等设置，如图 5-2-17 所示。

图 5-2-16　编号的设置对话框

图 5-2-17　编号滤镜的参数设置

编号的大多数参数前都带有秒表按钮，可以为这些参数设置关键帧动画，从而产生文字动画。

（二）时间码

执行菜单命令"效果 > 文本 > 时间码"，可以为层添加时间码滤镜。在时间码的效果控制窗口还可以对数字进行显示格式、时间源、文本位置、文字大小、文本颜色等参数设置，如图 5-2-18 所示。

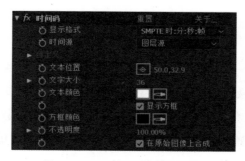

图 5-2-18　时间码的参数设置

（三）基本文字

执行菜单命令"效果 > 过时 > 基本文字"，可以为图层添加基本文字滤镜。在添加该滤镜后，会自动弹出基本文字的编辑对话框，在对话框中输入文字后，可以对文字的字体、样式、方向、对齐方式进行设置，如图 5-2-19 所示。设置完毕后，单击"确定"按钮，自动跳转到效果控件窗口。

在效果控件窗口还可以对文字的位置、填充和描边、大小等信息进行设置，如图 5-2-20 所示。如果想对输入的文字内容进行更改，可以点击上方的"编辑文本"按钮，重新回到文字编辑对话框。

图 5-2-19　基本文字的设置对话框　　　图 5-2-20　基本文字的参数设置

（四）路径文本

执行菜单命令"效果 > 过时 > 路径文本"，可以为图层添加路径文本滤镜。它与文本属性下的"路径选项"类似，都可以让文字沿着某个路径排列，但是它的功能更为强大，可以创建出更加复杂的路径文字动画。

路径文本的参数设置窗口，如图 5-2-21 所示。

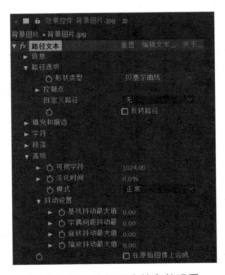

图 5-2-21　路径文本的参数设置

形状类型：设置路径的类型，其下拉菜单有四种类型，分别为贝塞尔曲线、圆形曲线、循环曲线和直线。

自定义路径：它的下拉列表框存放了当前图层所有的路径，可以选择某个路径作为文字的路径。

填充和描边：设置文字的填充样式、颜色、描边色和描边宽度。

字符：设置文字的大小、字距、方向等。

段落：设置段落文本的对齐方式、行间距、基线位移等。

高级：该选项可以对路径文字进行更多的动画设置。

可视字符：控制合成窗口中可见字符的数量，当数值为 0 时，所有字符都不可见，数值越大，合成窗口中能显示的字符数量越多。

淡化时间：控制字符出现时的不透明度。

抖动设置：包含四个选项，可以从基线、字距、旋转和缩放四个方面设置字符的随机抖动效果。

在原始图像上合成：默认为禁用，此时图层的内容被透明掉，仅保留路径文字。如果勾选，则原图层的内容也出现在合成窗口中，文字合成在原图层内容之上。

为图层添加路径文本后，合成窗口的效果如图 5-2-22 所示。其中左图字符沿着内置的贝塞尔路径排列，右图字符沿着自定义绘制的路径排列。

图 5-2-22　路径文字的效果

还可以给"可视字符""基线抖动"等参数设置关键帧动画，从而创建路径文字动画。

第三节 图形动画

After Effects 提供了多个绘制图形的工具，可以完成矢量图的绘制，并且通过设置关键帧动画，创建图形动画。目前，非常火爆的 MG 动画，大多是用 After Effects 完成的。

在 After Effects 的工具栏中，提供了五个绘制图形的工具，包括矩形工具、钢笔工具、画笔工具、橡皮擦工具和仿制图章工具。

一、矩形工具和钢笔工具

工具栏中的矩形工具，其实是多个绘图工具的集合，包括矩形工具、圆角矩形工具、椭圆工具、多边形和星形工具。为了表述的方便，我们把这些工具统称为矩形工具。

钢笔工具，也是多个绘图工具的集合，包括钢笔工具、添加"顶点"工具、删除"顶点"工具、转换"顶点"工具和蒙版羽化工具，它们可以绘制不规则形状的图形。钢笔工具是主要的绘图工具，而添加"顶点"工具、删除"顶点"工具和转换"顶点"工具则是辅助绘图的工具。

（一）矩形工具

使用矩形工具可以绘制规则形状的图形，操作方法如下。

第一步，在工具栏选择矩形工具，在合成窗口的上方，设置图形的填充和描边等参数，如图 5-3-1 所示。

图 5-3-1 为矩形工具设置填充和描边

第二步，点击图 5-3-1 上的"填充"这两个字，打开填充选项对话框，可以设置四种填充选项，分别是无、纯色、线性渐变和径向渐变，如图 5-3-2 所示。设置完填充选项后，点击填充旁边的色块，打开颜色编辑器对话框，在里面设置填充颜色，如图 5-3-3 所示。描边的设置与填充类似，这里不再赘述。

图 5-3-2　填充选项对话框　　　　图 5-3-3　颜色编辑器对话框

第三步，在确保没有选中任何图层的情况下，在合成窗口用鼠标绘制一个矩形。此时，时间线窗口会出现一个形状图层，放置刚才绘制的矩形。

注意：在使用钢笔和矩形工具绘制图形时，一定不要选中任何图层，否则就是绘制的蒙版或者路径，而非图形。

技巧：在用矩形工具绘制完图形后，勾选"贝塞尔曲线路径"，还可以将矩形路径变成贝塞尔曲线路径，再结合使用钢笔工具，把矩形变成不规则形状。

（二）钢笔工具

使用钢笔工具可以绘制不规则形状的图形，操作方法如下。

第一步，在工具栏选择钢笔工具，在合成窗口的上方，设置填充和描边等参数。

第二步，在合成窗口点击鼠标，出现一个节点，移动鼠标到合成窗口的其他位置，点击鼠标出现新的节点，两个节点之间生成一条直线，同样的方法绘制多条连续的直线，如图 5-3-4 所示。

第三步，使用添加"顶点"工具或者删除"顶点"工具更改图形路径线上的节点数目，也可以使用选择工具移动节点的位置。使用转换"顶点"工具，将路径线变为贝塞尔曲线，拖动贝塞尔曲线的控制柄，更改曲线的形状。更改后的效果，如图 5-3-5 所示。

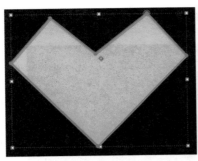 

图 5-3-4　钢笔工具绘制的图形　图 5-3-5　使用转换"顶点"工具后的图形

（三）形状图层的内容属性

当使用矩形或者钢笔工具绘制完图形后，会自动生成一个形状图层。形状图层的基本属性包括内容和变换。形状图层的变换属性跟普通图层的变换属性一样，这里不再赘述。

展开形状图层的内容属性，首先看到的是该图层绘制的图形，我们为该图层绘制了几个图形，这里就会显示几个图形，其中，用钢笔工具绘制的图形叫形状。展开每个图形，可以看到它的四个子属性，分别是路径、描边、填充和变换，如图 5-3-6 所示。

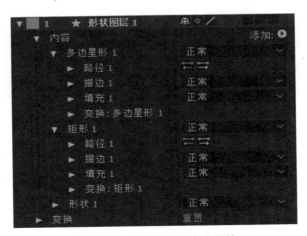

图 5-3-6　形状图层的内容属性

1.路径

路径属性，包括该路径的类型、顶点数量、位置、旋转、外径和外圆度等属性，如图 5-3-7 所示。

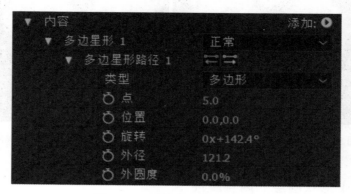

图 5-3-7　形状图层的路径属性

注意：使用不同工具绘制的图形，它们的路径属性内容稍有不同。

如果在绘制之前，勾选了"贝塞尔曲线路径"或者"RotoBezier"，路径属性将不具有上述子属性，但它仍然记录了当前图形的路径线，点击"路径"这两个字，图形的路径线加亮显示，这时可以通过更改路径的形状，更改图形的样貌，也可以为它添加关键帧动画，创建图形的形状动画，如图 5-3-8 和图 5-3-9 所示。

图 5-3-8　勾选了"贝塞尔曲线路径"或者"RotoBezier"后的路径属性

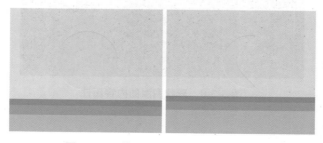

图 5-3-9　使用贝塞尔曲线路径创建形状动画

2. 描边

描边属性可以设置图形描边的颜色、不透明度、描边宽度、尖角限制、线段连接、虚线等参数，如图 5-3-10 所示。

3. 填充

填充属性可以设置图形的填充规则、填充的混合模式、填充颜色和不透明度，如图 5-3-11 所示。

图 5-3-10　形状图层的描边属性　　　图 5-3-11　形状图层的填充属性

4. 变换

变换属性设置图形的锚点、位置、比例、倾斜、倾斜轴、旋转和不透明度等属性，如图 5-3-12 所示。每个图形都有自己的变换属性，从而控制自己的位置、比例等属性。

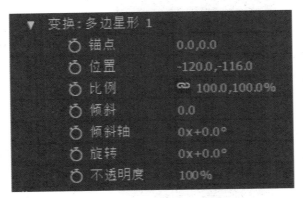

图 5-3-12　形状图层的变换属性

技巧：如果我们在绘制完一个图形后，在选中该形状图层的情况下，继续使用钢笔或者矩形工具绘制图形，那么该图形就会与之前的图形一起放置在这个形状图层。我们可以使用形状图层的变换属性，对这两个图形同时进行位置等属性调整。如果我们在绘制完一个图形后，不选中任何图层，再进行绘制的话，会再新建一个形状图层放置这个图形。这样两个图形隶属于不同的图层，可以分别进行操作。

（四）形状图层的添加属性

形状图层的内容属性里面有很多子属性都有秒表工具，可以创建关键帧动画。除此之外，形状图层还有一个添加属性，它包含的子属性可以创建更丰富的动画效果。

1. 形状图层的创建

当使用矩形或钢笔工具绘制了一个图形后，会自动生成一个形状图层。除此之外，我们还可以使用菜单命令"图层 > 新建 > 形状图层"来创建形状图层。通过这种方式创建的是一个空的形状图层，没有任何图形，这时我们就可以使用添加属性，为图层添加图形了。

2. 添加属性

点击内容属性右边的"添加"按钮，即可展开形状图层的添加属性，如图 5-3-13 所示。

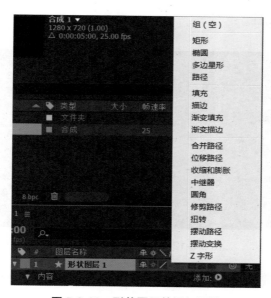

图 5-3-13　形状图层的添加属性

矩形：为形状图层添加一个只有路径线的矩形。

椭圆：为形状图层添加一个只有路径线的椭圆。

多边星形：为形状图层添加一个只有路径线的多边星形。

路径：为形状图层添加一个不规则形状。

填充：为形状图层添加一个填充。

描边：为形状图层添加一个描边。

渐变填充：为形状图层添加一个渐变填充。

渐变描边：为形状图层添加一个渐变描边。

合并路径：当为形状图层添加多个形状路径后，该属性才起作用，根据它提供的不同模式，实现多个路径的合并。

位移路径：对图形路径进行放大或缩小。

收缩和膨胀：对图形路径进行收缩和膨胀的变形。

中继器：对单一图形复制出多个副本。

圆角：扩大图形路径的角度值，半径越大，圆度越大。

修剪路径：经常使用在具有描边效果的图形上，通过修剪路径的开始、结束、偏移属性制作滑动或者描边的动画。

扭转：设置图形的扭曲效果。

摆动路径：通过将图形路径转换为一系列大小不等的锯齿状尖峰和凹谷，随机摆动路径产生动画。

摆动变换：类似于表达式摆动或者摆动器的效果，随机对图形的锚点、位置等做随机变动。

Z 字形：为图层的描边添加锯齿效果。

在 After Effects 中，经常给位移路径、收缩和膨胀、中继器、修剪路径等属性创建关键帧动画，实现多种图形动画效果，如图 5-3-14 所示。

图 5-3-14　图形的收缩和膨胀动画效果

二、矢量绘图工具

画笔工具、橡皮擦工具和仿制图章工具可以对图层上的内容进行绘制、擦除和复制，还可以创建各种画笔动画效果，它们也是 After Effects 重要的矢量绘图工具。如果我们要使用这三个绘图工具，必须打开图层窗口，在合成窗口是无法进行绘制的。

在使用这三个工具进行绘制前，首先需要打开画笔和绘画窗口，对绘图工具的画笔类型、大小、模式、持续时间等参数进行设置。

（一）画笔窗口和绘画窗口

1. 画笔窗口

画笔窗口主要设置绘图工具的类型、大小等参数，如图 5-3-15 所示。

图 5-3-15　画笔窗口

画笔提示窗口：在此窗口可以选择画笔的类型。

直径：设置画笔的直径大小。

角度：设置画笔的角度。

圆度：100% 表示一个圆形的笔触，减少这个百分数可以创建椭圆的笔触。

硬度：100% 表示一个硬的笔触，减少这个百分数可以创建羽化的效果。

不透明度：设置笔触的不透明度。

流量：设置一个笔触连续性改变的程度。

经验：最后四项一般用于设置连接到计算机上的手写板。

2. 绘画窗口

绘画窗口主要是设置画笔的颜色、绘制模式、持续时间等，如图 5-3-16 所示。

图 5-3-16　绘画窗口

不透明度：设置笔触的不透明度。

流量：设置画笔的流量。

颜色框：设置画笔的前景色和背景色。

模式：设置绘画的模式。它有一个下拉菜单，列出了所有的混合模式，这些混合模式与层的混合模式类似，这里不再赘述。

通道：设置画笔绘制时作用的通道，有 RGBA/RGB/Alpha 三种通道模式可选。

持续时间：有四个选项。选择单帧时，只把绘画笔触应用到时间指针所在的帧上；选择固定时，把绘画笔触应用到时间指针所在的帧和后继帧上；

选择写入时，可以记录下画笔绘制的动画效果；选择自定义时，把绘画笔触应用到指定的帧上。

如果在工具栏选择橡皮擦，则可以激活窗口下方的抹除选项。

抹除：有三个选项。选择图层源和绘画，会擦除图层和画笔绘制的内容；选择仅绘画，只擦除画笔绘制的内容；选择仅最后描边，只擦除画笔绘制的最后一笔。

如果在工具栏选择仿制图章工具，则可以激活窗口下方的仿制选项。

预设：提供四种复制预设。

源：设置用哪一层作为复制的来源图层。

（二）矢量绘图工具

1. 画笔工具

默认设置下，使用画笔工具可以绘制出柔和的笔触。可以在画笔窗口改变它的默认属性，还可以设置混合模式来修改画笔笔触和层背景色与其他画笔笔触的叠加效果。

使用画笔工具的具体操作如下。

第一步，在时间线窗口双击要绘画的层，打开该层的图层窗口。

第二步，在工具栏选择画笔工具。

第三步，在画笔窗口设置画笔的类型，在绘画窗口设置画笔的颜色、不透明度、流量和混合模式。

第四步，在图层窗口，拖拽鼠标进行绘制。

绘制结束后，在时间线窗口，该图层会增加一个绘画滤镜，展开绘画，刚才绘制的每个笔触都会单独列出。点开每个笔触，对它的颜色、直径等参数进行设置，如图 5-3-17 所示。合成窗口的绘制效果，如图 5-3-18 所示。

图 5-3-17　绘画滤镜

图 5-3-18　合成窗口的绘制效果

2.橡皮擦工具

使用橡皮擦工具可以为一个图层创建透明效果，也可以用于擦除画笔绘制的笔触。

橡皮擦工具的使用操作如下。

第一步，在时间线窗口双击要绘画的图层，打开该层的图层窗口。

第二步，在工具栏，选择橡皮擦工具。

第三步，在画笔窗口，设置橡皮擦的类型和大小。

第四步，在绘画窗口，设置橡皮擦的不透明度、流量、持续时间和抹除方式。

第五步，在图层窗口，拖拽鼠标完成擦除动作，擦除效果，如图 5-3-19 所示。

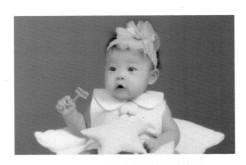

图 5-3-19　橡皮擦的擦除效果

3.仿制图章工具

使用仿制图章工具可以在源图层复制内容，然后把它复制到目标图层中。目标图层可以是源图层，也可以是项目中的其他图层。可以使用仿制图章工具复制像素和修改影像。例如，润饰素材、删除素材中的线条，或者在素材中添加一些需要的元素。

仿制图章工具的使用操作如下。

第一步，在时间线窗口中，双击要复制像素的源图层，进入该层的图层窗口。

第二步，在工具栏选择仿制图章工具。

第三步，在画笔窗口设置图章大小，在绘画窗口选择一种复制预设。

第四步，在时间线窗口把时间指针移动到开始取样的帧处。按住 Alt 键，在需要取样的位置单击鼠标，确定取样点。

第五步，打开目标图层的图层窗口，把时间指针移动到应用取样的帧处，拖动鼠标，即可完成像素的复制，如图 5-3-20 所示。

图 5-3-20　应用仿制图章工具后的效果

（三）矢量动画

使用画笔工具、橡皮擦工具或者仿制图章工具在图层上进行绘制后，图层会增加一个效果属性，展开它，出现绘画属性。展开绘画，会出现画笔、橡皮擦和仿制等子属性，如图 5-3-21 所示。

画笔属性，包含路径、描边选项和变换属性，如图 5-3-22 所示。描边选项的子属性可以设置画笔的颜色、直径、角度、硬度、圆度、间距、通道等参数。除此之外，起始和结束这两个属性，可以通过创建关键帧动画，制作一笔一笔绘制图形的动画。变换属性可以设置该画笔的位置、比例等属性。

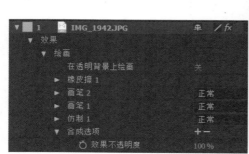

图 5-3-21　绘画属性

图 5-3-22　画笔属性

技巧： 在使用画笔时，如果鼠标一直不停顿地绘制，那么在绘画属性，就会生成一个画笔，如果在绘制的过程中，进行了多次停顿，就会生成多个画笔。橡皮擦工具和仿制图章工具在绘制时也是如此。

下面介绍图形动画的制作。

第一步，在图层窗口，使用画笔工具，一笔绘制一棵小草，中间没有任何的停断。

第二步，回到时间线窗口，展开图层的画笔属性，展开描边。在 0 帧处，设置结束的数值为 0，并添加一个关键帧。在 2 秒处，设置结束的数值为 100，自动生成第二个关键帧。

第三步，预览动画效果，小草逐渐生长的动画就制作完成了，如图 5-3-23 所示。

图 5-3-23　小草生长的动画效果

提示： 可以为描边的其他参数，如颜色、直径、角度等设置关键帧动画，实现相应的图形动画效果。还可以为变换的参数，如位置、不透明度等设置关键帧动画，实现相应的图形动画效果。

橡皮擦和仿制图章的绘画属性同样包括路径、描边和变换属性，每一部分的参数设置与画笔相似，它们的图形动画制作就不再赘述了。

第四节　课堂案例

下面通过四个案例来讲解本章比较重要的几个知识点——路径文字滤镜、文本动画控制器、图形的绘制和图形动画的制作。

一、路径文字

🖑 **本例知识点**

　　文字的创建和版式设计。

　　路径的绘制。

　　路径文本滤镜的应用。

🖑 **实践内容**

　　创建一个纯色层，为其绘制一个路径。给纯色层添加滤镜"路径文本"，设置文字的样式和路径，为"可视字符"等参数添加关键帧动画，完成路径文字动画。操作步骤如下。

1. 导入素材

双击项目窗口的空白处，打开"导入文件"对话框，找到本案例配套的素材"第五章＼课堂案例＼路径文字动画＼素材"，双击打开，选中"人物哈哈大笑 .mp4"，将其导入项目窗口中。

2. 创建合成

选中"人物哈哈大笑 .mp4"，将其拖放到"新建合成"按钮上，创建一个新的合成，将其重命名为"路径文字"。

3. 制作路径文字动画

（1）创建纯色层。执行菜单命令"图层 > 新建 > 纯色"，打开"纯色设置"对话框，设置其名称为"路径文字"，其他参数采用默认设置，如图 5-4-1 所示。

图 5-4-1　创建纯色层

（2）添加滤镜。选中纯色层，执行菜单命令"效果 > 过时 > 路径文本"，为纯色层添加"路径文本"滤镜，在弹出的"路径文字"对话框里，输入文字，并设置文字的字体等参数，如图 5-4-2 所示。

图 5-4-2 为纯色层添加路径文字滤镜

（3）绘制路径。选中纯色层，使用工具栏的钢笔工具在纯色层上绘制一个螺旋状的路径，然后使用工具栏的转换"顶点"工具，调整绘制的路径，使其成为贝塞尔曲线，如图 5-4-3 所示。

图 5-4-3 为纯色层绘制路径

（4）设置路径文本的参数。选中图层"路径文字"，打开它的效果控件窗口，设置自定义路径为"蒙版 1"，设置字符的描边和填充色都为黄色，并设置字符大小为 50.0，字符间距为 4.00，具体参数，如图 5-4-4 所示。

（5）创建逐字出现的文字动画效果。展开路径文本的高级选项，为参数"可视字符"创建关键帧动画，在 3 秒 9 帧处，设置其参数为 0；在 4 秒处，设置其参数为 40.00，如图 5-4-5 所示。

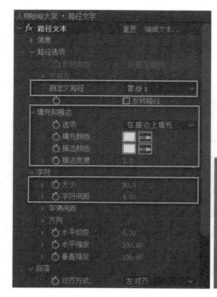

图 5-4-4 路径文本的参数设置

图 5-4-5 创建逐字出现的文字动画

（6）创建文字抖动效果。展开路径文本滤镜的抖动设置，设置基线抖动最大的参数为 3.00，创建文字的抖动效果，如图 5-4-6 所示。

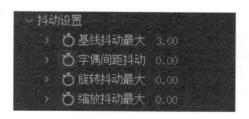

图 5-4-6 创建文字的抖动效果

4. 创建文字的位置动画

（1）创建文字的位置动画。展开图层"路径文字"的变换属性，为位置参数添加关键帧动画，使文字跟随人物头部的晃动而运动。在 3 秒 9 帧处，将路径文字放到人物的嘴边，并为其添加一个关键帧，拖动时间指针到 3 秒 21 帧处，调整路径文字的位置使其重新放置到人物的嘴边，用相同的方法为位置添加一系列关键帧，直到人物停止大笑，如图 5-4-7 所示。

图 5-4-7　创建路径文字的位置动画

（2）创建文字消失的动画。在 5 秒 19 帧处，为路径文字层的不透明度添加一个关键帧，参数设置为 100；在 5 秒 26 帧处，设置不透明度为 0，创建路径文字的消失动画。

（3）至此，路径文字效果全部完成，按下空格键预览动画，最终效果，如图 5-4-8 所示。

图 5-4-8　最终效果

二、文字随机降落

🕐 **本例知识点**

　　文字的创建和版式设计。

　　文本动画控制器的使用。

　　残影滤镜的应用。

🕐 **实践内容**

　　创建文字层，输入一行英文，然后为其添加"字符位移""位置""不透明度"属性动画，为范围选择器的偏移设置关键帧动画。最后，为文字层添加"残影"滤镜，创建随机降落的文字效果。操作步骤如下。

1. 新建合成

新建一个合成，画幅尺寸设置为 1280×720，持续时间为 5 秒，将其命名为"随机降落的文字"。

2. 导入素材

双击项目窗口的空白处，打开"导入文件"对话框，找到本案例配套的素材"第五章 \ 课堂案例 \ 文字随机降落 \ 素材"，双击打开，将"背景 .jpg"导入项目窗口中，并把它拖放到合成里。

3. 输入文字

使用横排文字工具在合成窗口输入文字"after effects"，并在字符窗口，设置它的颜色、字体和字符间距，效果如图 5-4-9 所示。

图 5-4-9　输入文字

4. 制作文字动画

（1）为文字层添加"字符位移"属性动画。展开文字层的文本属性，点击右侧的"动画"按钮，在弹出的菜单中，选择"字符位移"，为文字层添加该属性。设置"字符位移"的值为 44，设置"字符范围"是完整的 Unicode，如图 5-4-10 所示。

图 5-4-10　设置字符位移的参数值

（2）为文字层添加"位置"属性动画。点击"动画 1"右边的"添加"按钮，在弹出的菜单里，选择"位置"，设置位置的参数值为（0.0，–340.0），将文字放置到合成窗口的上方。

（3）用同样的方法，为文字层添加不透明度属性，并设置不透明度值为
0%，如图 5-4-11 所示。

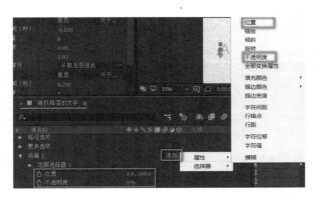

图 5-4-11 为文字层添加位置和不透明度属性

（4）为范围选择器设置关键帧动画。展开范围选择器，在 0 帧处，设置
偏移的参数为 –100%，并点击秒表按钮，添加一个关键帧。把时间指针放到
1 秒处，设置偏移的参数为 100%，自动创建第二个关键帧，如图 5-4-12 所示。

图 5-4-12 为偏移设置关键帧动画

（5）设置动画的高级选项。展开高级，"形状"选择上斜坡，"缓和低"
的参数设置为 50%，"随机排序"设置为开，如图 5-4-13 所示。

图 5-4-13 高级的参数设置

5. 制作文字拖尾效果

（1）为文字层添加"残影"滤镜。选中文字层，执行菜单命令"时间 > 残影"，为文字层添加"残影"滤镜。在效果控件窗口，设置"残影数量"为 8，"衰减"为 0.87，"残影运算符"为从前至后组合，具体参数设置，如图 5-4-14 所示。

图 5-4-14　残影的参数设置

（2）为文字层设置运动模糊。打开文字层的模糊开关，同时打开时间线窗口右上方的运动模糊开关，让文字动画有运动模糊的效果，如图 5-4-15 所示。

图 5-4-15　打开文字层的运动模糊开关

（3）至此，文字随机降落效果制作完毕，按空格键预览动画，最终的文字动画效果，如图 5-4-16 所示。

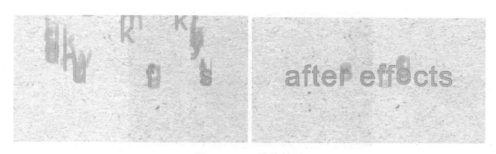

图 5-4-16　最终效果

三、微信聊天气泡

🖰 **本例知识点**

解释素材的应用。

用矩形和钢笔工具绘制图形。

形状图层的内容属性。

🖰 **实践内容**

导入素材，对视频素材的帧速率进行重新设置。使用钢笔和矩形工具绘制微信气泡框，使用文字工具输入聊天的字符内容，然后创建气泡框的缩放动画。用同样的方法制作其他几个微信聊天气泡，与视频镜头进行合成。操作步骤如下。

1. 导入素材

（1）导入素材。双击项目窗口的空白处，打开"导入文件"对话框，找到本案例配套的素材"第五章\课堂案例\微信聊天气泡\素材"，将文件夹中的三个素材导入项目窗口中。

（2）解释素材。在项目窗口，选中"微信聊天镜头 .mp4"，点击"解释素材"按钮，在弹出的对话框里，对素材的帧速率进行重新设置，设置为25 帧 / 秒，如图 5-4-17 所示。

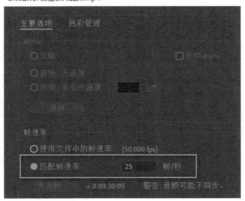

图 5-4-17　更改素材的帧速率

（3）设置素材的入点和出点。双击"微信聊天镜头 .mp4"，打开其素材窗口，设置素材的入点为 13 秒，出点为 24 秒。

2. 制作第一句微信聊天气泡

（1）新建合成。点击项目窗口下方的新建合成按钮，新建一个合成，命名为"微信聊天气泡"，设置其尺寸为 1920×1080，帧速率为 25 帧 / 秒，持续时间为 10 秒。将素材"微信聊天镜头 .mp4"拖放到合成里。

（2）绘制微信气泡。打开合成，在不选中任何图层的情况下，选中工具栏中圆角矩形工具，在合成窗口的上方，设置填充颜色为绿色、描边选项为无，然后在合成窗口绘制一个圆角矩形，如图 5-4-18 所示。

图 5-4-18　使用圆角矩形工具绘制聊天气泡

（3）调整圆角矩形的圆度。依次展开形状图层的矩形属性，设置"矩形路径 1"的圆度为 11.0，如图 5-4-19 所示。

图 5-4-19　更改圆角矩形的圆度

（4）绘制聊天气泡的三角形。选中"矩形 1"，点击内容属性右侧的"添加"按钮，选择"路径"，在合成窗口，鼠标变为钢笔的形状，移动鼠标在圆角矩形的右侧绘制一个三角形，如图 5-4-20 所示。

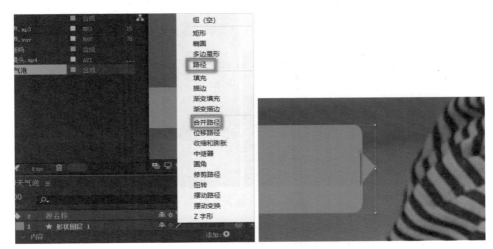

图 5-4-20　绘制聊天气泡的三角形

（5）合并圆角矩形和三角形的路径。选中"矩形 1"，点击内容属性右侧的"添加"按钮，选择"合并路径"，将两个路径合并在一起，此时三角形和圆角矩形之间的缝隙被绿色填满，如图 5-4-21 所示。

图 5-4-21　合并路径

（6）输入文字。选中工具栏的文字工具，输入文字"去餐厅吃饭吗？"，在字符窗口设置文字的字体、大小等参数，并将文字放置到聊天气泡上，如图 5-4-22 所示。

（7）调整聊天气泡的大小和位置。选中"形状图层 1"，在合成窗口，用鼠标调整聊天气泡的大小和位置，使文字在聊天气泡上左右各有一点空隙，如图 5-4-23 所示。

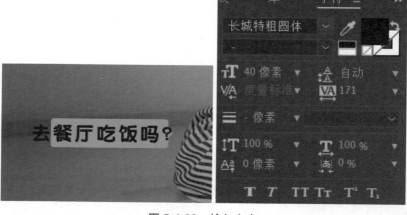

图 5-4-22 输入文字

图 5-4-23 调整聊天气泡的大小和位置

（8）创建预合成。在时间线窗口同时选中"文字层"和"形状图层 1"，右击选择快捷菜单"预合成"，在弹出的对话框里，设置预合成的名称为"聊天气泡 1"，将两个图层打包成一个预合成，如图 5-4-24 所示。

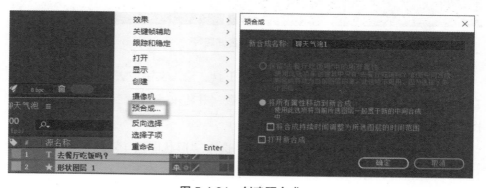

图 5-4-24 创建预合成

（9）创建"聊天气泡1"的缩放动画。选中图层"聊天气泡1"，使用工具栏的向后平移锚点工具，把图层的锚点放置到聊天气泡右下方的位置。展开"聊天气泡1"的缩放属性，在0帧处，设置参数为0%；在7帧处，设置参数为100%。选中这两个关键帧，右击，选择快捷菜单命令"关键帧辅助＞缓出"，创建聊天气泡的缩放动画，如图5-4-25所示。

图 5-4-25　创建"聊天气泡 1"的缩放动画

（10）为聊天气泡配音效。把声音素材"发送消息声.mp3"拖放到合成中，为聊天气泡配上消息音效，如图5-4-26所示。

图 5-4-26　为聊天气泡配音效

（11）创建预合成。在时间线窗口同时选中"聊天气泡1"和"发送消息声.mp3"，右击选择快捷菜单命令"预合成"，在弹出的对话框里，设置预合成的名称为"第一句"，将两个图层打包成一个预合成，如图5-4-27所示。

图 5-4-27　创建预合成

3. 制作第二、第三、第四句聊天气泡

（1）制作第二句聊天气泡。重复制作第一句微信聊天气泡的步骤 2—步骤 11，制作第二句聊天气泡，注意将气泡的颜色改为白色，三角形在圆角矩形的左侧。把第二句聊天气泡放置到合成的 2 秒处，如图 5-4-28 所示。

图 5-4-28　制作第二句聊天气泡

（2）制作第三句、第四句聊天气泡。重复制作第一句微信聊天气泡的步骤 2—步骤 11，制作第三句和第四句聊天气泡，把第三句聊天气泡放置到合成的 4 秒处，把第四句聊天气泡放置到合成的 5 秒处，如图 5-4-29 所示。

图 5-4-29　制作第三句、第四句聊天气泡

（3）至此，微信聊天气泡制作完毕，按下空格键预览动画，最终效果，如图 5-4-30 所示。

图 5-4-30　最终效果

四、放射的小球

🖰 **本例知识点**

　　钢笔工具和矩形工具的使用。

　　图形动画的制作。

🖰 **实践内容**

　　新建一个高清制式的合成，用椭圆工具绘制一个小球，制作小球的比例动画。用钢笔工具绘制长放射线，使用"修剪路径"制作线条生长的动画，使用"中继器"复制多个长放射线。复制长放射线层，并更改长放射线的长度为短，调整短放射线层的角度，使两类放射线均匀地分布在小球的四周。操作步骤如下。

1. 新建合成

　　执行菜单命令"合成 > 新建合成"，新建一个高清制式的合成，命名为"放射的小球"，如图 5-4-31 所示。

图 5-4-31　新建合成

2. 创建背景层

执行菜单命令"图层 > 新建 > 纯色",新建一个纯色层,颜色设置为灰色,将其命名为"背景",如图 5-4-32 所示。

图 5-4-32　创建背景层

3. 绘制小球

选择工具栏的椭圆工具,在工具栏的右侧设置填充选项为纯色,填充颜色为蓝色,描边选项为无。按住 Shift 键的同时,在合成窗口绘制一个蓝色的小球,更改形状图层的名称为"小球",如图 5-4-33 所示。

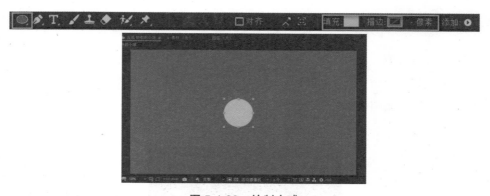

图 5-4-33　绘制小球

4. 制作小球动画

选中图层"小球",按下 S 键,单独调出图层的缩放属性。在 0 帧处,设置缩放的参数为 0.0%;在 11 帧和 17 帧处,设置缩放的参数为 100.0%;在 1 秒处,设置缩放的参数为 0.0%。选中这 4 个关键帧,右击,选择快捷菜单命令"关键帧辅助 > 缓动",创建小球的比例动画,如图 5-4-34 所示。

图 5-4-34　制作小球的比例动画

5.制作放射线动画

（1）绘制长放射线。选择工具栏的钢笔工具，在工具栏的右侧设置填充选项为无，描边选项为纯色，描边颜色跟小球相同，描边宽度为 10 像素。在合成窗口，按住 Shift 键的同时，在小球的上方从上往下绘制一条直线，更改形状图层的名称为"长放射线"。展开图层"长放射线"的内容属性，展开描边，设置线段端点为"圆头端点"，如图 5-4-35 所示。

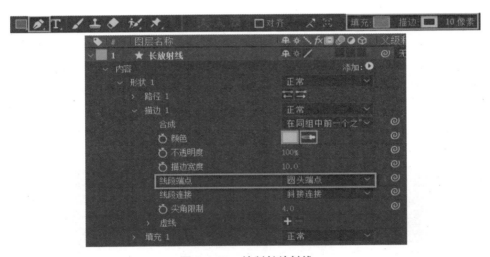

图 5-4-35　绘制长放射线

（2）制作长放射线生长动画。展开图层"长放射线"的内容属性，点击右侧的"添加"按钮，在弹出的快捷菜单中，选择"修剪路径"，为图层添加一个修剪路径属性。展开"修剪路径 1"，在 0 帧处，设置开始的参数为 100.0%，并点击秒表按钮，添加一个关键帧；在 6 帧处，更改开始的参数为 0.0%，创建放射线从下往上生长的动画；在 12 帧处，设置结束的参数为 100.0%，并点击秒表按钮，添加一个关键帧；在 20 帧处，更改结束的参数为 0.0%，创建放射线从下往上消失的动画，如图 5-4-36 所示。

167

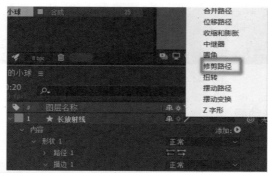

图 5-4-36　制作长放射线动画

（3）复制多条长放射线。展开图层"长放射线"的内容属性，点击右侧的"添加"按钮，在弹出的快捷菜单中选择"中继器"，为图层添加一个中继器属性。展开"中继器 1"，设置副本参数为 8.0，复制出 7 条放射线。展开"变换：中继器 1"，设置位置的参数为（0.0，0.0），旋转的参数为 45.0 度，微调锚点的参数，使得 8 条放射线沿着小球的四周均匀排列，如图 5-4-37 所示。

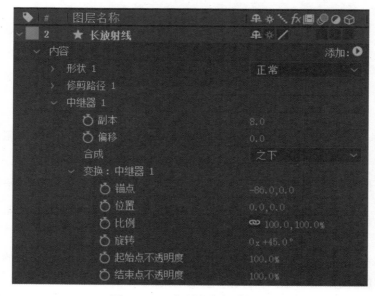

图 5-4-37　复制多条长放射线

（4）微调长放射线的长度。展开图层"长放射线"，选中"路径 1"，选择工具栏的钢笔工具，此时，在合成窗口，放射线的线段两端出现节点，用钢笔调整下方节点的位置，对放射线的长度进行微调，如图 5-4-38 所示。

图 5-4-38　调整放射线的长度

（5）制作短放射线。选中图层"长放射线"，按下快捷键 Ctrl+D，复制一个图层，将其命名为"短放射线"。按下快捷键 R，调出图层的旋转属性，设置旋转值为 22.5 度，使短放射线和长放射线均匀地分布在小球的周围，如图 5-4-39 所示。

（6）微调短放射线的长度。展开图层"短放射线"，选中"路径 1"，选择工具栏的钢笔工具，此时，在合成窗口，短放射线的线段两端出现节点，用钢笔调整上方节点的位置，对短放射线的长度进行微调，如图 5-4-40 所示。

图 5-4-39　制作短放射线

图 5-4-40　调整短放射线的长度

6. 添加"投影"滤镜

（1）框选小球、长放射线和短放射线层，右击，在弹出的快捷菜单中选择命令"图层样式 > 投影",同时为 3 个图层添加"投影"滤镜,如图 5-4-41 所示。

图 5-4-41　添加投影滤镜

（2）至此,"放射的小球"动画制作完毕,按下空格键预览动画,案例的最终效果,如图 5-4-42 所示。

图 5-4-42　最终效果

🖰 **本章小结**

　　本章主要针对文字动画和图形动画的制作进行详细的讲解,包括文字的样式和版式的编辑、文字动画的制作、路径文字等文字滤镜的应用,以及图形的绘制、图形动画的制作。文字和图形在后期特效合成中占有重要的地位,富有创意的文字和图形动画,可以为画面合成增色不少。

🖰 **思考与练习**

　　1. 想一想并试一试如何制作霓虹灯效果的文字。

　　2. 想一想并试一试如何制作打字机文字效果。

　　3. 在 Photoshop 等二维绘图软件中,制作一张静态贺卡,然后在 After Effects 中利用文本动画控制器、文字滤镜、关键帧动画等动画制作方式,制作一张动态贺卡。

第六章
画面叠加与合成

本章学习目标

- 掌握蒙版的绘制与编辑
- 掌握轨道遮罩的应用
- 掌握常用抠像滤镜的应用
- 掌握画面合成的方法

本章导入

　　合成就是通过各种操作把两个以上的源图像合并为一个单独的图像的过程。通道提取是实现影像合成的基本手段，它要求进行合成的图层中有部分透明的区域，这样才能跟其他图层的画面内容进行叠加。在 After Effects 中可以使用绘制遮罩、蒙版和抠像等方法定义一个图层的透明区域，从而创建两个或两个以上的图层合成。

第一节　Alpha 通道

一、Alpha 通道的概念

Alpha 通道是保存影像透明信息的通道。要实现多个图层的叠加与合成，图层必须具有 Alpha 通道。该通道用 256 级灰度来记录影像中的透明度信息，定义影像的透明、不透明和半透明区域。

二、Alpha 通道的查看

查看一个影像是否包含透明区域，有以下几种方法。

一是在素材 / 图层窗口，切换到 Alpha 通道来查看，其中黑色表示影像这部分区域是透明的，白色表示影像这部分区域是不透明的，灰色表示影像这部分区域是半透明的，如图 6-1-1 所示。

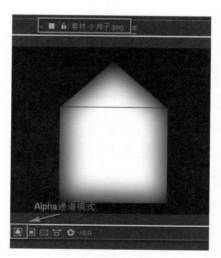

图 6-1-1　在素材监视器查看影像的 Alpha 通道

二是打开素材 / 图层窗口的透明网格按钮，如果该窗口中有透明网格，则代表影像的这部分是透明的，如图 6-1-2 所示。

图 6-1-2　打开透明网格查看 Alpha 通道

三是在项目窗口选中素材，右击，执行菜单命令"解释素材"。在解释素材对话框，如果 Alpha 这一栏是激活的状态，代表影像是带有 Alpha 通道的，也可以在该窗口对 Alpha 通道进行进一步的设置，如图 6-1-3 所示。

图 6-1-3　使用解释素材命令查看 Alpha 通道

通过以上三种查看方式，我们可以发现"小房子 .png"的背景是透明的，房子的边缘部分是半透明的，房子的中心部分是完全不透明的，因为具有部分透明区域，所以它可以跟其他图层进行叠加与合成，"小房子 .png"与其他图层合成的最终效果，如图 6-1-4 所示。

图 6-1-4　小房子与其他图层的合成效果

三、Alpha 通道的创建

需要注意的是，摄像机拍摄的影像是没有 Alpha 通道的。那么如何创建影像的 Alpha 通道呢？

对于静态的图片来说，使用专业的图形图像软件，如 Photoshop 就可以为其创建 Alpha 通道。

对于动态的影像来说，可以在后期特效与合成软件中使用蒙版、抠像等方式来创建 Alpha 通道，从而实现影像与其他影像的画面合成。

第二节　蒙版与遮罩

蒙版是一个由封闭路径组成的轮廓图。在默认情况下，轮廓线之内的部分不透明，轮廓线之外的部分透明。在 After Effects 中，蒙版用于创建复杂的合成效果，我们可以创建任意形状的蒙版，也可以制作蒙版动画，在创建复杂的合成效果时，还需要借助于蒙版的模式。

一、蒙版

（一）蒙版的绘制

使用工具栏中的矩形工具和钢笔工具都可以绘制蒙版。用这两个工具绘制时，不仅可以绘制蒙版，还可以绘制路径和图形。

注意：在绘制蒙版时，必须选中一个图层，否则将会绘制出一个形状图层。

1. 使用矩形工具绘制蒙版

工具栏中的矩形工具，可以绘制任意大小的矩形蒙版、圆角矩形蒙版、椭圆蒙版、多边形蒙版和星形蒙版。矩形工具是多个工具的集合，在工具栏中，将鼠标指针移动到矩形工具上并按住鼠标左键，会打开它的工具列表，选择其中一个工具即可，如图 6-2-1 所示。

选择某个工具后，在合成窗口或者层窗口中，单击并拖动即可绘制出一个蒙版，如图 6-2-2 所示。

图 6-2-1　矩形工具　　　　　图 6-2-2　用椭圆工具绘制蒙版

技巧：用矩形工具绘制时，配合 Shift 键可以绘制正圆和正方形蒙版。

2. 使用钢笔工具绘制蒙版

利用工具栏中的钢笔工具，可以绘制不规则蒙版，使用 Bezier 点定义蒙版的路径，可以定义出具有各种角度、弯曲或者平滑的蒙版路径，利用该工具可以把图层中不规则的物体圈选出来。钢笔工具同样是多个工具的集合，包括普通的钢笔工具、添加"顶点"工具、删除"顶点"工具、转换"顶点"工具和蒙版羽化工具，如图 6-2-3 所示。当我们在已绘制好的蒙版上选择转换"顶点"工具时，该点处的线由折线变成贝塞尔曲线。使用钢笔工具绘制的不规则蒙版，如图 6-2-4 所示。

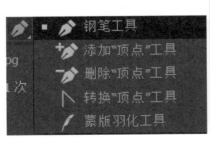

图 6-2-3　钢笔工具　　　　图 6-2-4　使用钢笔工具绘制的不规则蒙版

（二）蒙版的编辑

绘制完蒙版后，可以对其进行编辑操作。

可以单独选择蒙版上的点，选择的点以实心表示，此时可以移动这个点，从而改变蒙版的形状。

框选蒙版路径上两个相邻的点，可以选中它们之间的线，从而对该线段进行移动。

当按住 Alt 键，单击蒙版时，会选中整个蒙版；或者双击蒙版，也可以选中整个蒙版，然后对整个蒙版进行移动、旋转、缩放等操作，还可以用键盘上的方向键进行精确的位置移动。

注意：当绘制多边形蒙版时，路径线和控制节点要尽量少，这样可以更方便地调整蒙版形状，运算速度会更快。

（三）蒙版的属性

当我们在合成中绘制完蒙版后，可以在时间线窗口，展开绘制了蒙版的图层，对蒙版的属性进行更精确的设置，如图 6-2-5 所示。

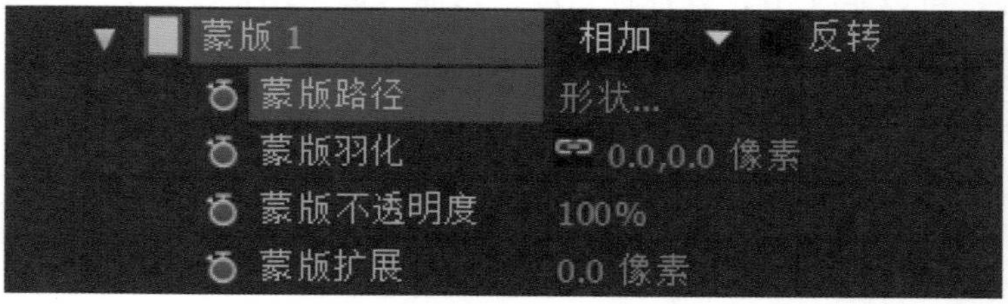

图 6-2-5　蒙版的属性

反转：可以翻转蒙版的选择区域。

蒙版路径：蒙版的形状和位置，通过调整蒙版路径改变图层的透明区域。可以点击"形状"按钮，在弹出的对话框里，设置参数，调整路径的形状，如图 6-2-6 所示。也可以直接用选择工具，在合成窗口更改蒙版的形状。

蒙版羽化：可以改变蒙版边缘的不透明度，让图层与其他图层的合成效果更为自然。

蒙版不透明度：可以改变蒙版的不透明度，从而影响图层的不透明度。

蒙版扩展：当它的参数大于 0 时，蒙版范围变大；当参数小于 0 时，蒙版范围变小。

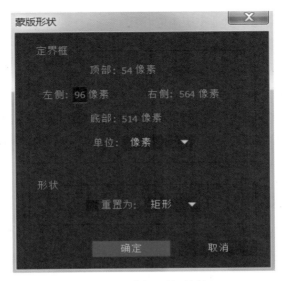

图 6-2-6　蒙版形状对话框

（四）蒙版的叠加模式

在 After Effects 中，支持在同一个层上创建多个蒙版，多个蒙版之间是互相影响的，在各个蒙版之间可以进行多重叠加，这些蒙版可以和影像的 Alpha 通道进行相互作用，还可以使用蒙版模式来产生各种复杂的几何形状，形成不同变化的透明级别。

蒙版的叠加模式，同样在蒙版属性中进行设置，有以下几种模式，如图 6-2-7 所示。

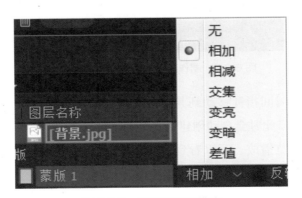

图 6-2-7　蒙版的叠加模式

无：蒙版路径在，但是蒙版不起作用。

相加：保留多个蒙版相加的合集。

相减：保留两个蒙版并集的反向。

交集：保留两个蒙版相交的部分。

变亮：保留多个蒙版相加的合集，在相交的部分使用最高亮度。

变暗：保留两个蒙版相交的部分，在相交的部分使用最低亮度。

差值：保留两个蒙版不重合的部分。

（五）蒙版动画

当创建好蒙版后，蒙版的各个子属性会记录当前蒙版的形状、位置、透明度、羽化等参数，这些参数前面有秒表按钮，都可以创建关键帧动画，即蒙版动画。蒙版产生动画效果，其作用的图层在透明度方面也会产生相应的变化。

下面以蒙版路径为例，讲解蒙版动画的制作。

第一步，在时间线窗口，展开蒙版属性，选择蒙版路径，确定时间指针所在的位置，单击蒙版路径左侧的秒表按钮，创建一个关键帧，记录当前蒙版所在位置和形状，如图 6-2-8 所示。

图 6-2-8　制作蒙版动画的第一个关键帧

第二步，将时间指针移动到其他时间点，双击选中蒙版，并把它移动到合成的其他位置，此时会自动创建第二个关键帧。

第三步，预览播放，可以看到蒙版随着时间的变化发生位移，其作用的图层的透明度区域也产生了相应的动画效果，如图 6-2-9 所示。

图 6-2-9　蒙版动画的最终效果

　　提示：在做蒙版动画时，可以制作蒙版的位置动画，也可以制作蒙版形状改变的动画。

（六）获取蒙版的其他方法

　　除了使用工具绘制蒙版外，还有下列方法可以获取蒙版。

1. 创建和图层大小相同的蒙版

　　当需要创建尺寸比较大的蒙版，比如和层的尺寸相同的蒙版，有一种比较快捷的方式：在合成窗口或者时间线窗口中选择一个层，在工具栏中双击矩形工具或者椭圆工具即可。

2. 利用蒙版菜单

　　在时间线窗口，右击图层，在弹出的"蒙版"菜单中，提供了"新建蒙版"的命令，可以自动创建一个椭圆或者矩形蒙版。蒙版创建后，需要在蒙版属性里修改其大小，因为默认的坐标，也就是蒙版范围太大，需要缩小视图才能看清蒙版的位置。除此之外，蒙版菜单中还提供了关于蒙版的一些其他操作命令，如图 6-2-10 所示。

图 6-2-10　蒙版菜单

3. 使用文字创建蒙版

　　在 After Effects 中，可以使用文字创建蒙版。文本层中的所有文字都可以创建一个单独的蒙版，具体方法如下。

第一步，创建一个文本层，并输入文字。

第二步，根据需要执行下列操作：如果要为文本层中的所有文字创建蒙版，那么在时间线窗口中选择文本层；如果要为特定的文字创建蒙版，那么在合成窗口中选择该文字。

第三步，执行菜单命令"图层 > 从文字创建蒙版"，文字的轮廓将绘制上蒙版路径，并生成一个保存这些蒙版的轮廓图层，如图 6-2-11 所示。生成的蒙版，如图 6-2-12 所示。

图 6-2-11　轮廓图层　　　　　　图 6-2-12　从文字创建蒙版

第四步，展开轮廓层的蒙版，选中全部的蒙版，复制粘贴到其他图层，从而实现图层 Alpha 通道的产生和变化，如图 6-2-13 所示。

图 6-2-13　图层使用了文字蒙版后的效果

二、轨道遮罩

把带有 Alpha 通道或者亮度通道信息的影像放到合成中，从而影响其下层图层的透明区域，实现对下一层的局部显示或者去背景功能，就是轨道遮罩的应用。

轨道遮罩的实现，需要两个图层，上层是做轨道遮罩的层，下层是被定义透明区域的层。

（一）轨道遮罩的分类

第一类轨道遮罩是一个由黑白灰三类颜色构成的文件，不同的颜色信息代表着影像透明信息的状态，黑色代表透明，白色代表不透明，灰色代表半透明，这种遮罩我们称为带亮度信息的轨道遮罩。最终视觉效果是这个遮罩将这些透明信息应用到下层的图层上，如图 6-2-14 所示。

图 6-2-14　带亮度信息的轨道遮罩合成效果

第二类轨道遮罩是一个带有 Alpha 通道的图层，它将自己的 Alpha 通道应用到下层的图层上，如图 6-2-15 所示。

图 6-2-15　带 Alpha 通道的轨道遮罩合成效果

（二）轨道遮罩的应用

轨道遮罩在使用时，需要放在上层，下层放置被定义透明区域的层，然后在时间线窗口，根据轨道遮罩的类别，选择一种轨道遮罩模式，如图 6-2-16 所示。

图 6-2-16　轨道遮罩的模式

没有轨道遮罩：该模式下，轨道遮罩对下层的图层不起任何作用，只作为一个普通图层进行叠加。

Alpha 遮罩：轨道遮罩层的 Alpha 通道将应用给下方的层，从而定义它的透明区域。

Alpha 反转遮罩：反转 Alpha 遮罩模式下的透明区域。

亮度遮罩：用轨道遮罩层的黑白灰亮度等级定义下方图层的透明区域。

亮度反转遮罩：反转亮度遮罩模式下的透明区域。

一般来说，轨道遮罩带有 Alpha 通道，就选择"Alpha 遮罩"或者"Alpha 反转遮罩"模式，轨道遮罩带有亮度信息的，就选择"亮度遮罩"或者"亮度反转遮罩"模式。

当选择了某种遮罩模式后，轨道遮罩层的视频开关会自动关闭，此时，它只是作为定义透明区域的文件使用，它的内容不再显示。

（三）保持底层透明

在轨道遮罩模式旁边还有一个按钮——保持底层透明，该按钮是一个单选框。通过在该栏的顶部找到字母 T 即可找到该选项，如图 6-2-17 所示。

图 6-2-17　保持底层透明按钮

把上层的"保持底层透明"单选框打开，下方图层的 Alpha 通道被用作该图层的遮罩。"保持底层透明"选项只有在下列情况下才起作用：该层的 T 选项框是打开的，而且下层的影像含有一个 Alpha 通道，如图 6-2-18 所示。

上层（打开保持底层透明）　　　底层（带有 Alpha 通道）　　　合成后的效果

图 6-2-18　保持底层透明的合成效果

第三节　抠像

一、抠像的原理

在后期合成时经常需要将一些不同的对象合成到一个场景中去，可以使用 Alpha 通道来完成或者为素材创建蒙版。但实际上，自带 Alpha 通道的素材并不多，给非常复杂的动态影像创建蒙版，也是一件非常费力的事情。所以在后期合成中，针对大量实拍素材的合成，经常使用的方法是通道提取技术，我们也把这种技术称为"抠像"。

抠像的原理是吸取画面中的某一种颜色作为透明色，画面中所有包含这种透明色的部分将被清除，从而使位于该画面之下的背景画面显现出来，这样就形成了两层画面的叠加合成。单独拍摄的物体经抠像后可以跟各种场景叠加在一起，由此形成丰富而神奇的艺术效果。

要进行抠像，需要将拍摄对象放置在特定的场景中，一般选择蓝色或者绿色的背景进行拍摄。抠像后的效果是将背景颜色抠除，人物或前景物与背景分离，再将人物或前景物与其他背景进行合成，这是影视作品的常用技术，特别是在广告或电影中，如图 6-3-1 所示。

图 6-3-1　影视作品中的抠像技术应用

经验：为什么抠像的背景要选择蓝色或者绿色？因为一般情况来讲，抠像的主体是人，而人的皮肤中不会含有蓝色和绿色。目前，绿色成了最受欢迎的抠像颜色，主要原因是在视频合成时，绿色通道在三种颜色（RGB）通道中拥有最高的亮度值。在数字视频汇总中，绿色通道在三种颜色通道中拥有最高的采样值，因此它能够提供更多的信息及较少的噪波。

二、常用的抠像滤镜

After Effects 提供了多种抠像滤镜，可以很容易地抠除画面的背景，这些滤镜大部分存放在效果和预设窗口的"抠像"文件夹里。下面介绍几个常用的抠像滤镜。

（一）CC Simple Wire Removal

CC Simple Wire Removal 翻译成"简单金属丝抠除"，可以用来抠除画面中的线条，经常用来抠除画面中的威亚线。它的参数窗口，如图 6-3-2 所示。

Point A：擦除点 A 的位置。

Point B：擦除点 B 的位置。

Removal Style：这里提供了四种擦除模式，分别是 Fade（变暗）、Frame Offset（帧偏移）、Displace（置换）、Displace Horizontal（水平置换），可以根据素材的实际情况选择擦除模式。

Thickness：设置擦除线的厚度。

Slope：设置擦除线的倾斜角度。

Mirror Blend：设置镜像混合的程度。

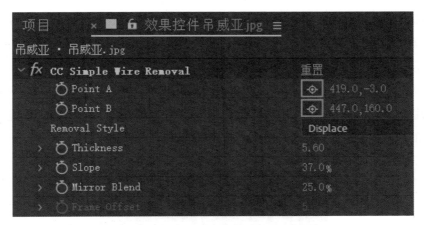

图 6-3-2　CC Simple Wire Removal 参数窗口

在实际操作时，首先在合成窗口，用选择工具把 Point A 和 Point B 放在威亚线的两端，然后选择一种擦除模式，调整 Thickness 等参数的值，就可以把威亚线擦除，如图 6-3-3 所示。如果一个画面中有多条威亚线，需要给画面添加多个 CC Simple Wire Removal 滤镜。如果擦除动态镜头的威亚线，需要逐帧添加 CC Simple Wire Removal 滤镜，进行擦除。

图 6-3-3　CC Simple Wire Removal 擦除效果

（二）Keylight 滤镜

Keylight 是为高端电影开发的蓝、绿幕抠像工具，尤其擅长处理反光、半透明状态和毛发等物体的抠像。由于它有溢光处理功能，往往只要选择幕布颜色就能算出遮罩，并将前、后景逼真的合成在一起。这个滤镜同时有许多用来侵蚀、柔化、去点等处理遮罩的工具，以备不时之需。更有调色、边缘校正等工具来微调抠像结果。这个抠像滤镜适合复杂的抠像操作，对于半透明的物体抠像十分适合，并且即使实际拍摄时背景受光不均匀等，也能得到不错的抠除效果。它的参数窗口，如图 6-3-4 所示。

图 6-3-4   Keylight 参数窗口

View：设置合成窗口显示的内容，包括显示最终合成结果、源图像、源图像的 Alpha 通道等。

Screen Colour：设置要抠除的颜色，用吸管从合成窗口吸取相应的颜色即可。

Screen Gain：抠像后，用于调整被抠除部分的细节。

Screen Balance：此参数会在执行抠像以后自动设置数值。背景是蓝屏的影像，数值在 0.95 左右效果最佳。背景是绿屏的影像，数值在 0.5 左右效果最佳。在某些情况下，这两个数值得到的效果都不理想，那么尝试把它设成

0.05、0.5、0.95 等数值来试试。

Despill Bias：去除溢色的偏移。

Alpha Bias：不透明度偏移，可使 Alpha 通道向某种颜色偏移。

Screen Pre-blur：如果源图像有噪点，可以用此选项来模糊明显的噪点，从而得到比较好的 Alpha 通道。

Screen Matte：屏幕蒙版有两项参数比较重要。Clip Black，用于调整被抠除部分的细节；Clip White，用于调整源图像中保留的主体细节。

Inside Mask：指定图层上的一个蒙版，则这个蒙版里的画面内容将不受 Keylight 滤镜的控制，不会有颜色被抠除。

Outside Mask：指定图层上的一个蒙版，则这个蒙版里的画面内容被抠除。

Foreground Colour Correction：用于调整画面中被保留部分的色彩校正。

Edge Colour Correction：用于调整画面中被保留部分的边缘的色彩校正。

Source Crops：对源图像进行裁剪。

（三）线性颜色键

线性颜色键根据画面的 RGB 彩色信息或色相及饱和度信息，与指定的抠像颜色进行比较，产生透明区域。之所以叫作线性颜色键，是因为可以指定一个色彩范围作为抠像颜色，它可用于大多数对象的抠像，但不适合抠除半透明对象。它的参数窗口，如图 6-3-5 所示。

图 6-3-5　线性颜色键参数窗口

线性颜色键既可以用来进行抠像处理，还可以用来保护误删除的颜色范围。如果在影像中抠出的部分包含被抠像颜色，对其进行抠像时这些区域可能也会变成透明区域，这时通过对影像添加该滤镜特效，然后在"主要操作"中选择"保持颜色"，找回不该抠除的颜色。

（四）颜色差值键

颜色差值键通过将影像划分为两个蒙版创建透明效果。局部蒙版 B 使得指定的抠像颜色变为透明，局部蒙版 A 使得影像中不包含第二种不同颜色的区域变为透明。这两种蒙版效果联合起来就得到最终的第三种蒙版效果，也就是背景变为透明。它的参数窗口，如图 6-3-6 所示。

图 6-3-6　颜色差值键参数窗口

左侧缩略图表示原始图像，右侧缩略图表示蒙版效果。"吸管 1"用于原始影像缩略图中拾取抠像颜色，"吸管 2"用于蒙版缩略图中拾取透明区域的颜色，"吸管 3"用于蒙版缩略图中拾取不透明颜色。

蒙版控制：用来调整通道中的白色、黑色和 Gamma 参数的设置，从而修改影像蒙版的不透明度。

（五）内部 / 外部键

内部 / 外部键适用于动感不是很强的画面。该滤镜在使用时，需要先给图层绘制两个蒙版，第一个蒙版在被抠除物体的边缘内部，第二个蒙版在被抠除物体的边缘外部，滤镜通过比对这两个蒙版，确定要抠除的对象的边缘，从而把前景从背景中分离出来。绘制的蒙版可以十分粗略，不一定正好在对象的四周边缘。用内部 / 外部键来处理毛发效果也比较好，如图 6-3-7 所示。

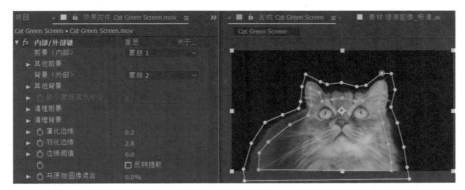

图 6-3-7　内部 / 外部键抠除效果

（六）颜色范围键

颜色范围键可以通过去除 LAB、YUV、RGB 模式中指定的颜色范围来创建透明效果，适合于多种颜色组成的背景屏幕影像。例如，不均匀光照并且包含同种颜色阴影的蓝色或绿色屏幕影像。

（七）差值遮罩

差值遮罩又称为差异蒙版键，它通过比较两个图层不同的素材画面，然后将两个图层中相同的像素区域抠掉，从而变成透明区域。通常情况下，可以使用它来抠掉运动物体的背景。

（八）抽取

抽取根据指定的一个亮度范围来产生透明区域，影像中所有与指定亮度范围相近的区域都将被抠除，它适用于具有黑色或者白色背景的影像，或者是背景亮度与保留对象之间的亮度反差很大的影像，它还可以用来删除影像中的阴影。

（九）高级溢出抑制器

由于背景颜色的反射，抠除的对象边缘往往有颜色溢出，该滤镜可以删除抠像以后留下的一些溢出颜色的痕迹，它经常跟其他抠像滤镜一起使用，它的参数窗口，如图 6-3-8 所示。

图 6-3-8　高级溢出抑制器参数窗口

方法：有标准和极致两种，一般选择标准即可。

抑制：更改此数值可以调整边缘颜色的抑制程度。

（十）抠像清除器

抠像清除器同样是一个抠像的辅助工具，主要用来调整抠像后保留的对象的边缘。

三、Roto 笔刷工具

在工具栏有一个 Roto 笔刷工具，可以把复杂背景里的对象抠除出来，从而实现对象与其他图层内容的合成，它包含两个工具，其中 Roto 笔刷工具主要用于把对象从背景中抠除出来，调整边缘工具用于对抠除对象的边缘进行羽化等设置，如图 6-3-9 所示。

图 6-3-9　Roto 笔刷工具

Roto 笔刷工具跟画笔、橡皮擦工具一样，需要在图层窗口才能激活使用，同时，需要在画笔窗口设置笔刷的大小等参数。它的使用方法具体如下。

第一步，设置好笔刷大小之后，在图层需要保留的部分从上往下，或者从左往右画出一条线，然后与画笔经过的地方颜色相似的部分就会被紫色线框框选，如图 6-3-10 所示。

图 6-3-10　用 Roto 笔刷工具选择抠像区域

第二步，继续用 Roto 笔刷在需要保留的区域绘制，直到所有被保留的区域全部被紫色线框框选。如果在绘制过程中，选中了不想保留的部分，那么则按下 Alt 键，此时画笔颜色变为红色，用画笔在这一部分绘制，该部分会被取消框选。

第三步，当画面中的对象全部被框选后，可以切换到合成窗口，此时可以看到该对象已经从背景中抠除出来了，如图 6-3-11 所示。

图 6-3-11　合成窗口中的抠像效果

第四步，仔细观察合成窗口就会发现，此时被抠除对象的边缘还比较粗糙，甚至一些细节被抠除掉了。这时需要切换到调整边缘工具，在画笔窗口设置其笔刷大小，一般这个笔刷要比边缘线框粗，但不要超过 Roto 笔刷的大小。然后在图层窗口，继续沿着抠除对象的边缘进行绘制，如图 6-3-12 所示。

图 6-3-12　用调整边缘工具进行边缘绘制

第五步，沿着对象轮廓绘制完毕后，可以切换回合成窗口，之前边缘粗糙的情况得到了改善，如图 6-3-13 所示。

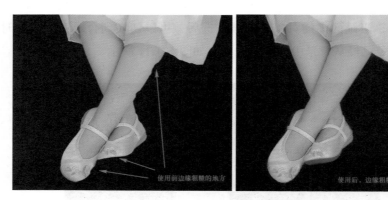

图 6-3-13　调整边缘工具的使用效果对比

第六步，图层在使用了 Roto 笔刷工具后，在效果控件窗口会添加一个"Roto 笔刷和调整边缘"滤镜，如果对合成窗口中的抠像效果还不满意，可以在参数窗口对 Roto 笔刷和边缘笔刷的羽化、对比度等参数继续进行调整，直到达到满意的效果，如图 6-3-14 所示。

Roto 笔刷工具可以应用于静态图像，也可以用于动态影像，如果应用于动态影像，在第 1 帧处设置好抠像范围后，Roto 笔刷工具会根据第 1 帧和后续帧的内容比对，自动框定后续 20 帧的抠像范围，如果对这个框定的抠像范围不满意，可以手动使用 Roto 笔刷工具更改这个范围。从 21 帧开始，则需要重新开始第 1 帧的抠像操作，重新选定抠像范围。

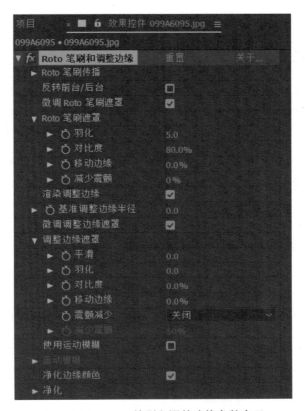

图 6-3-14　Roto 笔刷和调整边缘参数窗口

四、常见的抠像操作方法

想得到理想的抠像效果，要求在前期拍摄时一定要重视布光的合理和均匀。同时，为保证拍摄画面达到最好的色彩还原度，最好使用标准的蓝幕布或者绿幕布。将拍摄的画面进行数字化处理时，要尽可能地保持画面的精度，在条件允许的情况下使用无损压缩，这样就避免了细微的颜色损失。

（一）在蓝色或者绿色背景前拍摄的画面

如果抠像画面主要是在蓝背景或者绿背景前拍摄的，首先用某种色键，如颜色差值键，将背景抠除。通过遮罩视图调整抠除范围，包括透明、半透明和不透明的区域，再使用溢出抑制特效，消除抠像颜色留下的痕迹。

经验：在抠像时，可以创建一个颜色反差大的纯色层作为参考背景层，如橙色的纯色层。

如果在蓝色或绿色背景中具有平稳亮度的画面，可以用颜色差值键抠除画面的蓝绿色背景，再用高级溢出控制器，清除抠像颜色的痕迹。如果要求更高，还可以使用"遮罩"特效下的简单阻塞工具和遮罩阻塞工具进行精细调整。如果对结果还不满意，暂时关闭颜色差值键，重新使用线性颜色键进行抠像。

如果在蓝色或绿色背景中包含有多种颜色或亮度不稳定的画面，可以先应用颜色范围键，再用高级溢出控制器和其他遮罩工具。如果对结果还不满意，重新使用或加入线性颜色键。

（二）在黑暗的背景下拍摄的画面

用提取进行抠像，通道选择"明亮度"，再调整各项参数，得到抠像效果。

（三）在固定背景（非蓝绿色背景）前拍摄的画面

首先，用差值遮罩键，以单独的背景图层作为遮罩参考，进行差值抠像。其次，使用高级溢出控制器和其他蒙版工具。

（四）在复杂的背景前拍摄的画面

首先，使用 Roto 笔刷工具抠像，没有很好地抠除的部分，可以配合在图层上创建蒙版来达到完美的抠像效果。

对于不同的实际情况，应该选择适当的抠像方法，以得到满意的效果。对复杂的抠像处理可能要用到不同的抠像滤镜才能得到满意的结果，可以组合两个或者更多的抠像滤镜和蒙版。通过效果开关应用或不应用效果，观察抠像效果。

第四节　课堂案例

本节通过四个案例来讲解本章比较重要的几个知识点——蒙版的绘制、蒙版动画的制作、轨道遮罩的应用及抠像滤镜的应用。

一、人物身后的动态弹幕文字

🖱 **本例知识点**

文字动画的制作。

蒙版的绘制和编辑。

蒙版动画的制作。

🖱 **实践内容**

本案例将模仿综艺节目中经常出现的，从嘉宾身后横穿搞笑弹幕文字的效果。导入素材，根据素材的大小创建一个合成，复制男孩层，并为复制的图层创建一个蒙版使其框住男孩，为蒙版的路径形状制作动画，使蒙版一直框选住男孩，制作动态弹幕文字，将其置于在原始图层和复制图层的中间，就实现了弹幕文字从人物背后横穿的效果。操作步骤如下。

1. 导入素材

双击项目窗口的空白处，打开"导入文件"对话框，找到本案例配套的素材文件夹"第六章\课堂案例\人物身后的动态弹幕文字"，双击打开，选中"素材"文件夹，点击"导入文件夹"按钮，将其导入项目窗口中。

2. 新建合成

将素材"男孩.mp4"拖放到"新建合成"按钮上，创建一个新的合成，重命名为"人物身后的动态弹幕文字"。

3. 为图层创建蒙版

（1）复制图层。在合成中，选择图层"男孩.mp4"，按下快捷键Ctrl+D，复制一个新的图层，并命名为"蒙版"。

（2）绘制蒙版。选中"蒙版"层，使用钢笔工具在0帧处，沿着男孩的轮廓为其绘制一个蒙版，这个蒙版不需要紧贴着人物外轮廓，可以比轮廓更大一些，如图6-4-1所示。设置"蒙版羽化值"为（64.0，64.0）。在0帧处，给"蒙版路径"添加一个关键帧。

（3）调整蒙版形状。将时间指针拖放到24帧处，根据人物的移动位置，用选择工具改变蒙版的形状和位置，使其继续框选住人物，如图6-4-2所示。

图 6-4-1　0 帧处图层的蒙版形状

图 6-4-2　24 帧处图层的蒙版形状

（4）更改蒙版形状和位置。用同样的方法，分别在 1 秒 13 帧、1 秒 28 帧、2 秒 9 帧、2 秒 22 帧和 3 秒 1 帧处更改蒙版的形状和位置，使其继续框选住男孩。至此，蒙版形状动画制作完毕。

4. 制作动态弹幕文字

（1）新建合成。新建一个合成，尺寸和持续时间与"人物身后的动态弹幕"完全相同，并命名为"动态弹幕文字"，如图 6-4-3 所示。

（2）输入文字。使用文字工具在合成中输入多行文字，分别为"玩具""糖果""迪士尼乐园""没完成的作业"。在字符窗口为不同的文字设置不同的颜色和大小，合成窗口的效果，如图 6-4-4 所示。

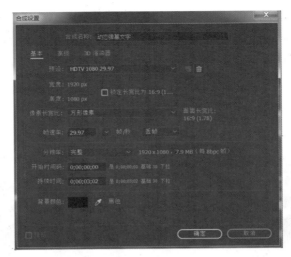

图 6-4-3　动态弹幕文字的合成设置

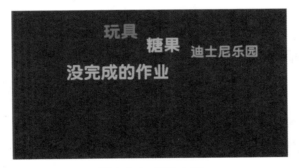

图 6-4-4　弹幕文字

5. 最终合成

（1）合成的嵌套。回到"人物身后的动态弹幕文字"的合成，将项目窗口的"动态弹幕文字"拖拽到合成中，并位于"蒙版"层的下方，如图 6-4-5 所示。

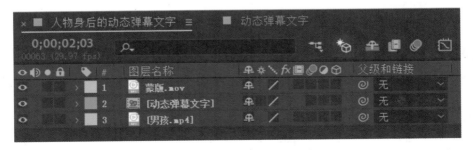

图 6-4-5　合成中图层的位置关系

（2）为弹幕文字创建位置动画。为"动态弹幕文字"添加位置关键帧动画。在 0 帧处，设置"动态弹幕文字"层的位置参数为（1868.0，540.0）并添加第一个关键帧；在 2 秒 20 帧处，设置其位置参数为（−1000.0，540.0）。

（3）至此，动态弹幕文字制作完毕，按下空格键预览动画，案例的最终效果，如图 6-4-6 所示。

图 6-4-6 最终效果

二、谷雨时节

⤺ **本例知识点**

蒙版的绘制。

轨道遮罩的使用。

填充滤镜的应用。

⤺ **实践内容**

首先，制作文字"谷雨时节"从左向右依次出现的蒙版动画；其次，制作镂空的红色印章；最后，为文字和印章制作扫光效果。操作步骤如下。

1. 导入素材

双击项目窗口的空白处，打开"导入文件"对话框，找到本案例配套的素材文件夹"第六章 \ 课堂案例 \ 谷雨时节"，双击打开，选中"素材"文件夹，点击"导入文件夹"按钮，将其导入项目窗口中。

2. 新建合成

将"谷雨 LOGO.png"拖放到"新建合成"按钮上，创建一个新的合成，重命名为"谷雨"，持续时间为 3 秒。

3. 制作文字的蒙版动画

（1）绘制蒙版。使用矩形工具为图层"谷雨 LOGO.png"绘制一个蒙版，如图 6-4-7 所示，并在 1 秒处，为"蒙版形状"添加一个关键帧，记录下蒙版的形状。

（2）创建蒙版动画。回到 0 帧处，框选蒙版右侧的线段，拖动它到蒙版的左侧，如图 6-4-8 所示，并添加一个关键帧。

图 6-4-7　1 秒处蒙版的形状　　图 6-4-8　0 帧处蒙版的形状

（3）设置蒙版的羽化值。设置"蒙版羽化"值为（120.0，120.0），至此，蒙版动画制作完毕，动画效果是"谷雨时节"四个字从左向右依次出现。

4. 制作镂空印章

（1）创建合成。创建一个 1920×1080 尺寸的合成，持续时间为 3 秒，命名为"镂空印章"。

（2）创建纯色层。创建一个纯色层，颜色设置为红色。

（3）绘制闲章。选中纯色层，使用钢笔工具为其绘制一个不规则的类似闲章的形状，如图 6-4-9 所示。

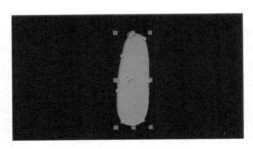

图 6-4-9　闲章的绘制

（4）输入文字。使用直排文字工具，输入文字"二十四节气"，在字符窗口为文字选择一种书法字体，并设置其大小，将文字放置到印章上面，如图 6-4-10 所示。

图 6-4-10　闲章上文字的制作

（5）制作镂空文字。将红色纯色层命名为"图章内侧底"，设置其轨道遮罩模式为"Alpha 反转遮罩'二十四节气'"，此时，图章的文字部分变为镂空，合成窗口的效果，如图 6-4-11 所示。

图 6-4-11　制作镂空文字

（6）制作镂空外圈。选中"图章内侧底"层，按住 Ctrl+D 键，复制一层，将其命名为"图章中侧底"，关闭其轨道遮罩模式。展开其蒙版属性，设置蒙版扩展的参数为 38.0，如图 6-4-12 所示。

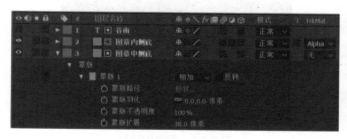

图 6-4-12　图章中侧底的蒙版扩展设置

（7）制作镂空外圈。选中"图章中侧底"层，按住 Ctrl+D 键，复制一层，将其命名为"图章外侧底"。展开其蒙版属性，设置蒙版扩展的参数为59.0，设置其轨道遮罩模式为"Alpha 反转遮罩'图章中侧底'"，这样就为图章制作了一圈镂空的外圈，合成窗口的效果，如图 6-4-13 所示。

图 6-4-13 合成窗口的图章镂空效果

5. 制作扫光文字

（1）新建合成。将"背景 .jpg"拖放到"新建合成"按钮上，创建一个新的合成，重命名为"最终效果"，持续时间为 3 秒。设置背景层的缩放值为 188%，位置参数为（1060.0，1024.0），让其画面比较空白的地方处于合成的主要位置，便于放置其他的图层。

（2）调整文字的大小和位置。将合成"谷雨"拖放到"最终效果"合成，设置其缩放值为 62%，位置参数为（908.0，436.0），放在背景层的上方。

（3）制作图章和文字合成。将合成"镂空图章"拖放到"最终效果"合成，设置其缩放值为 32%，位置参数为（1564.0，596.0），放在背景层的上方。三个图层的合成效果，如图 6-4-14 所示。

图 6-4-14 三个图层的合成效果

（4）更改图章的颜色。选中"图章"层，为其添加效果"生成 > 填充"，为其填充一个橘红色，使其与其他图层的合成更加和谐，如图 6-4-15 所示。

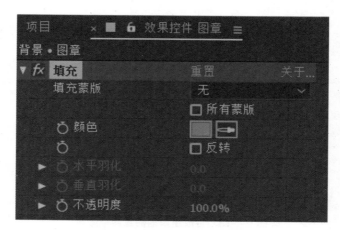

图 6-4-15　图章层的填充参数设置

（5）创建预合成。选中"图章"和"谷雨"层，按住 Ctrl+Shift+C，创建一个预合成，命名为"文字"，如图 6-4-16 所示。为"图章"层创建一个不透明度动画，让其从 16 帧到 1 秒之间慢慢出现。

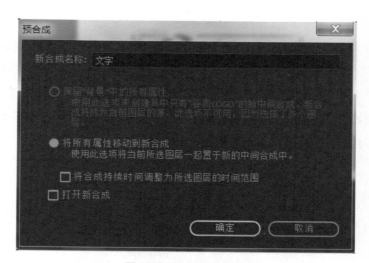

图 6-4-16　创建预合成

（6）创建平行四边形蒙版。创建一个纯色层，颜色设置为白色。选中纯色层，使用钢笔工具绘制一个平行四边形形状的蒙版，如图 6-4-17 所示。

图 6-4-17　白色纯色层的蒙版绘制效果

（7）创建蒙版动画。为白色纯色层创建位置动画，在 1 秒处，它位于文字的最左侧；在 2 秒处，位于文字层的最右侧，如图 6-4-18 所示。

图 6-4-18　白色纯色层在 2 秒处的位置

（8）轨道遮罩的应用。将白色纯色层放置于文字层的下方，设置其轨道遮罩模式为"Alpha 反转遮罩'文字'"，然后，复制一层文字层，将其放置在白色纯色层下方，如图 6-4-19 所示。

图 6-4-19　合成中三个图层的位置关系

（9）设置扫光的羽化值。展开白色纯色层的蒙版属性，设置羽化值为（20.0，20.0）让扫光效果不那么生硬。

（10）至此，扫光文字制作完毕，按下空格键预览动画，案例的最终效果，如图 6-4-20 所示。

图 6-4-20　最终效果

三、人物跳到杯里

🖰 **本例知识点**

冻结帧的应用。

蒙版的绘制。

轨道遮罩的使用。

🖰 **实践内容**

将跳水素材从人物起跳的部分切成两部分，冻结后半部分，为其绘制蒙版，将人物单独框选出来，再为跳水的人物创建从上往下跳入杯子的位置动画。使用已有的跳水素材创建一个空镜头，放置在人物跳水的下层，然后再为跳水添加一个轨道遮罩，使人物跳到杯里之后消失，再为整个跳水动作配上相应的音效。操作步骤如下。

1. 导入素材

双击项目窗口的空白处，打开"导入文件"对话框，找到本案例配套的素材文件夹"第六章\课堂案例\跳到杯里"，双击打开，选中"素材"文件夹，点击"导入文件夹"按钮，将其导入项目窗口中，如图 6-4-21 所示。

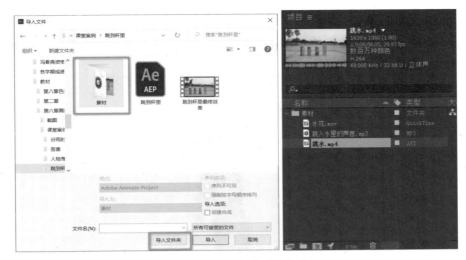

图 6-4-21　导入素材文件夹

2. 新建合成

将素材"跳水 .mp4"拖放到"新建合成"按钮上，创建一个新的合成，重命名为"跳到杯里"。

3. 制作人物跳水动画

（1）制作静帧画面。在时间线窗口，选中"跳水"图层，在 5 秒 6 帧处，按下快捷键 Ctrl+Shift+D，把它切成两层，将上层重命名为"静帧"。选中"静帧"图层，将时间指针放到 5 秒 6 帧处，执行菜单命令"图层 > 时间 > 冻结帧"将图层内容冻结在 5 秒 6 帧的画面，如图 6-4-22 所示。

图 6-4-22　制作静帧画面

（2）绘制蒙版。使用钢笔工具，在5秒6帧处为"静帧"层绘制蒙版，把人物框选出来，设置蒙版的羽化值为（6.0，6.0），蒙版扩展为 –4.0，如图 6-4-23 所示。

图 6-4-23　为人物绘制蒙版

（3）制作空镜头。将素材"跳水 .mp4"拖放到合成中，将时间指针放到 0 帧处，执行菜单命令"图层 > 时间 > 冻结帧"，将图层内容冻结在 0 帧处的空镜头画面。将时间指针放到 5 秒 6 帧处，按下快捷键 Alt+［键，设置图层的入点为 5 秒 6 帧处，如图 6-4-24 所示。

图 6-4-24　制作空镜头图层

（4）制作人物跳水动画。为"静帧"图层制作位置关键帧动画，在 5 秒 6 帧处，设置位置的参数为（960.0，540.0）；在 5 秒 21 帧处，设置位置的参数为（1058.0，1045.7），从而创建人物从饮料瓶跳到杯里的动画效果，如图 6-4-25 所示。

图 6-4-25　制作人物跳水动画

（5）制作轨道遮罩。执行菜单命令"图层 > 新建 > 纯色"，新建一个白色纯色层，命名为"轨道遮罩"。选中纯色层，使用钢笔工具，沿着杯子的边缘绘制一个蒙版。选择静帧层，设置其轨道遮罩模式为"Alpha 反转遮罩'轨道遮罩'"，如图 6-4-26 所示。此时，人物跳到杯里后消失不见了。

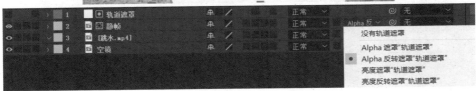

图 6-4-26　制作轨道遮罩

4. 最终合成

（1）添加水花。将素材"水花 .mov"拖放到合成的 5 秒 10 帧处。使用钢笔工具沿着它的下边缘绘制蒙版，同时，设置蒙版羽化值为（11.0，11.0），对素材的下边缘进行微调，去除多余的部分，如图 6-4-27 所示。

图 6-4-27　添加水花

（2）添加音效。将素材"跳入水里的声音 .mp3"拖放到合成中，将其入点放置到 5 秒 10 帧处，如图 6-4-28 所示。

（3）调整背景音乐。将素材"跳水 .mp4"拖放到合成中，将其放置到最后一层，同时关闭它的"眼睛"开关。展开图层的音频，在 5 秒 6 帧处，设置音频电平的参数为 0.00db，并添加一个关键帧；在 5 秒 20 帧处设置音频电平的参数为 –5.00db，使人物落入水中时，降低背景音乐，加强落水音效，如图 6-4-28 所示。

图 6-4-28　添加音效和背景音乐

（4）至此，人物跳到杯里效果制作完毕，按下空格键预览动画，案例最终效果，如图 6-4-29 所示。

图 6-4-29　最终效果

四、蓝屏抠像

🔖 **本例知识点**

抠像滤镜 Keylight(1.2) 的应用。

解释素材。

🔖 **实践内容**

导入素材，设置素材的开始时码和入点 / 出点，为素材添加 Keylight(1.2) 滤镜，抠除画面的蓝色背景，再跟具有科技感的背景素材进行最终的合成。操作步骤如下。

1. 导入素材

（1）导入素材。双击项目窗口的空白处，打开"导入文件"对话框，找到本案例配套的素材文件夹"第六章\课堂案例\蓝屏抠像",双击打开,选中"素材"文件夹,点击"导入文件夹"按钮,将其导入项目窗口中,如图 6-4-30 所示。

图 6-4-30　导入素材文件夹

（2）解释素材。选中素材"蓝屏抠像.mp4",右击,选择快捷菜单命令"解释素材 > 主要",在弹出的对话框里,设置素材的开始时间码为 0:00:00:00,如图 6-4-31 所示。

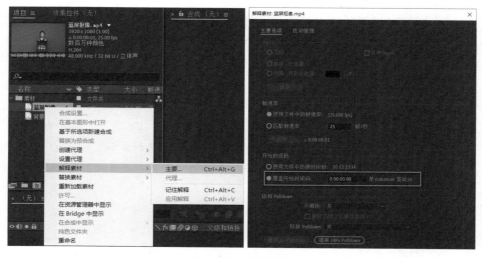

图 6-4-31　解释素材

（3）设置素材的入点和出点。双击素材"蓝屏抠像 .mp4"，打开它的素材窗口，预览播放素材，设置素材的入点为 2 秒 4 帧，出点为 8 秒处，如图 6-4-32 所示。

图 6-4-32　设置素材的入点和出点

2. 新建合成

将素材"蓝屏抠像 .mp4"拖放到"新建合成"按钮上，创建一个新的合成。

3. 蓝屏抠像

（1）为图层添加 Keylight(1.2) 滤镜。选中图层"蓝屏抠像 .mp4"，执行菜单命令"效果 >Keying>Keylight(1.2)"，如图 6-4-33 所示。

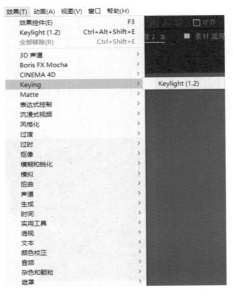

图 6-4-33　添加 Keylight(1.2) 滤镜

（2）Keylight(1.2) 滤镜的参数调整。打开效果控件窗口，选择 Screen Colour 后面的吸管，用吸管吸取合成窗口中的蓝色背景，此时大部分蓝色背景好像已经被透明掉了。点击 View 右侧的下拉列表，选择"Screen Matte"，此时合成窗口显示图层的屏幕蒙版，如图 6-4-34 所示。根据屏幕蒙版的显示，图层中还有一部分是灰色的，这部分对应的画面是半透明。

图 6-4-34　用吸管工具吸取蓝色背景

（3）继续调整 Screen Gain 的参数。调整 Screen Gain 的参数为 108.0，Screen Balance 的参数为 4.0，减少画面中的灰色部分，但是还没有完全把灰色部分抠除掉。展开 Screen Matte，调整 Clip Black 的参数为 12.0，调整 Clip White 的参数为 24.0，此时，图层中背景全部为纯黑色，人物为纯白色，如图 6-4-35 所示。

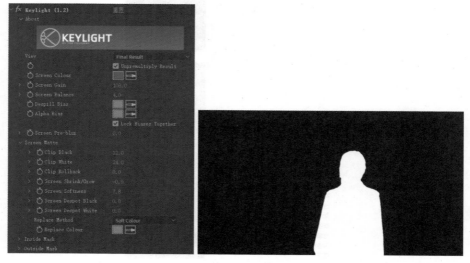

图 6-4-35　Keylight(1.2) 滤镜参数的进一步调整

点击 View 右侧的下拉列表，选择"Final Result"，合成窗口显示图层的最终抠像效果，此时人物的边缘还有一圈线，继续展开 Screen Matte，调整 Screen Shrink/Grow 的参数为 –0.9，调整 Screen Softness 的参数为 7.8，薄化人物的边缘。蓝屏抠像的最终效果，如图 6-4-36 所示。

图 6-4-36　Keylight(1.2) 滤镜的最终抠像效果

4. 背景合成

（1）将素材"背景 .mp4"拖放到合成中，并放置到"蓝屏抠像 .mp4"的下层，如图 6-4-37 所示。

图 6-4-37　背景合成

（2）至此，蓝屏抠像制作完毕，按下空格键预览动画，案例的最终效果，如图 6-4-38 所示。

图 6-4-38　最终效果

本章小结

本章介绍了抠像的原理，主要对蒙版、遮罩和抠像技术进行了详细的讲解。通过对影像进行蒙版的绘制或者抠像滤镜，提取出 Alpha 通道，从而实现它与其他影像的合成。在实际应用中，经常使用抠像技术并结合遮罩技术，来达到理想的抠像效果。

思考与练习

1. 使用停机再拍技术，拍摄现实中的非双胞胎人物，结合蒙版的功能，制作出双胞胎同框的画面。

2. 利用抠像技术，结合使用一些素材，制作一个在虚拟演播室播报新闻的特效镜头。

第七章
运动追踪与稳定

本章学习目标

- 掌握运动追踪的原理
- 掌握单点追踪、两点追踪和四点追踪的方法
- 掌握跟踪摄像机的方法
- 掌握稳定画面的方法

本章导入

运动追踪是 After Effects 后期合成中经常用到的功能。它的原理是根据第一帧对象的运动，自动计算后续帧对象的运动轨迹，并且将这些运动轨迹赋予其他图层的对象，使其他图层的对象拥有相同的运动路径，从而实现两个或者多个图层中运动对象的精准合成。例如，实拍一个人物的手部运动，然后在三维制作软件中制作一个卡通房子，利用后期跟踪技术，就可以跟踪人的手部运动轨迹，使房子与手的运动轨迹相同，从而将卡通房子与实拍的人精确地合成到一起。

第一节　运动追踪

一、运动追踪

（一）运动追踪的原理

在 After Effects 中，运动追踪技术会对图层中指定区域进行运动分析，并自动创建关键帧，将跟踪的结果应用到其他图层或效果上，从而使其他图层出现相同的运动效果，经常用来完成图层中有运动物体的画面合成。

在 After Effects 中，使用运动追踪的目的有两个：一是用来匹配其他图层对象与当前图层运动对象的一致运动，从而完成画面的合成；二是用来消除图层自身的画面晃动。

对图层应用运动追踪技术的前提条件是画面中有明显的运动物体或者这个画面本身是运动画面，即拍摄这个画面的摄像机是运动的。要实现较好的追踪效果，需要画面中被追踪的物体在形状、颜色或者亮度方面与周围其他物体有明显的区别。所以，在拍摄时会在追踪物体上做一些标记，如图 7-1-1 所示，绿幕上的白色十字就是提前做好的运动追踪标记。

图 7-1-1　画面中的运动追踪标记

（二）运动追踪的设置

选定并在合成窗口设置好源跟踪层，执行菜单命令"窗口 > 跟踪器"，就可以打开跟踪器窗口。

1. 跟踪器窗口

运动追踪的主要操作都是在跟踪器窗口实现的，如图 7-1-2 所示。

图 7-1-2　跟踪器窗口

跟踪摄像机：可以根据图层的情况，创建虚拟的摄像机。

变形稳定器：用来对晃动的图层进行稳定处理。

跟踪运动：可以为图层创建运动追踪。

稳定运动：用来对晃动的图层进行稳定处理，但功能没有变形稳定器强大。

运动源：用来选择创建运动追踪的图层，右侧的下拉菜单中提供该合成中所有的层。

当前跟踪：可以选择当前已经创建出的所有跟踪器，每一层可以含有多个跟踪器。

跟踪类型：该参数提供了几种不同的跟踪类型。如果在跟踪器窗口，点击"稳定运动"按钮，该项会默认选择"稳定"；如果合成中有两个以上的层时，系统会默认选择"变换"，除此之外还有"平行边角定位""透视边角定位""原始"等选项。

编辑目标：设置运动追踪数据赋予的目标图层。

选项：可以设置运动追踪的精确度和指定运动追踪的第三方插件。

分析：控制着跟踪点分析状态。

重置：用来恢复运动追踪的搜索区域、追踪区域和跟踪点到系统的默认位置。

应用：将已经分析好的追踪数据应用给目标图层。

在跟踪器窗口，单击"跟踪运动"按钮，会为图层添加一个默认的"变换"跟踪类型。然后软件会自动打开图层窗口，并在图层上创建一个"跟踪点 1"，如图 7-1-3 所示。

图 7-1-3　跟踪范围框

跟踪范围框由两个方框和一个十字线构成，里面的方框是特征区域，外面的方框是搜索区域，中间的十字线是跟踪点。在整个跟踪过程中，起决定作用的是特征区域和搜索区域，跟踪点可以在特征区域和搜索区域的内部或者外部，只是通过它可以反映出跟踪结果的数值。

设定跟踪区域的原则：特征区域要完全包含跟踪目标的像素范围，而且特征区域要尽量小。搜索区域定义下一帧的跟踪范围，它的位置和大小取决于跟踪目标的运动方向、偏移的大小和快慢。一般来说，跟踪目标的运动速度越快，搜索区域就越大。

2. 运动追踪的操作流程

下面以"变换"跟踪类型为例，介绍运动追踪的操作流程。

第一步，在时间线窗口，选中源追踪层，将时间指针放到 0 帧处，执行菜单命令"窗口 > 跟踪器"命令，打开跟踪器窗口。

第二步，在跟踪器窗口，点击"跟踪运动"按钮，使窗口处于激活状态，跟踪类型保持"变换"选项，然后自动切换到该层的图层窗口。

第三步，在图层窗口，把追踪范围框拖拽到被追踪目标上，调整追踪范围框的大小和位置。

第四步，在跟踪器窗口，点击"编辑目标"，选择一个图层作为追踪目标层。

第五步，点击"分析"按钮，自动计算源追踪层的运动轨迹。计算结束后，点击"应用"按钮，在弹出的对话框里"应用维度"选择 X 和 Y，如图 7-1-4 所示。此时源追踪层的运动轨迹就被应用到目标层上了。

图 7-1-4 应用源追踪层的运动轨迹

第六步，回到合成窗口，查看追踪合成效果，如图 7-1-5 所示。

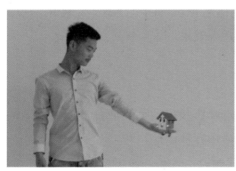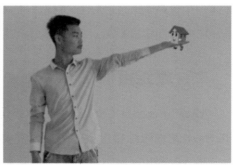

图 7-1-5 单点追踪合成效果

3. 运动追踪的分类

（1）位置追踪。这是最常用的追踪方法，又称为单点追踪。例如，追踪运动的人物或交通工具。此方式是将跟踪点放到源追踪层中有位置属性的物体上，计算出它的运动轨迹，再把这些数据赋予其他图层。位置追踪只有一个跟踪点，所以当物体产生倾斜或透视效果时，它就无法计算到精准的运动轨迹了。

（2）旋转追踪。旋转追踪是根据源追踪层中的旋转属性，用两个追踪区域分别追踪旋转物体的轴心点和角度值的追踪方式，又称为两点追踪。旋转追踪通过两个追踪区域的运动，计算出物体旋转的角度，并将该角度所产生的路径分级赋予追踪目标层上，使目标层和源追踪层以同样的方式旋转。

（3）旋转和移动追踪。旋转和移动追踪是根据源追踪层中的旋转和移动属性将两个追踪区域分别追踪旋转物体的轴心点和移动角度的追踪方式。旋转和移动追踪通过两个追踪区域的运动计算出物体旋转的角度和位置的数值，并将这些结果赋予追踪目标层上，使追踪目标层和源追踪层以同样的方式旋转移动。

（4）平行边角追踪。平行边角追踪使用三个跟踪点追踪歪斜并旋转，但不是透视的画面。当对跟踪点进行分析计算后，将上面定义的三个跟踪点计算出第四个点的位置信息，并转化为边角的关键帧，系统将自动为源追踪层添加边角定位效果，该效果将控制源追踪层四个角的位置，使源追踪层产生歪斜和旋转运动。

（5）透视追踪。透视追踪也叫四点追踪，它可以追踪比较复杂的物体，得到一个比较好的效果。被它追踪的物体需要具有四个跟踪点，使用透视追踪分别追踪四个跟踪点，被追踪后产生透视效果。

二、跟踪摄像机

After Effects 自 CS6 之后，新增了跟踪摄像机功能。此前，要想在 After Effects 中实现跟踪摄像机的效果，需要使用外挂插件。

在 After Effects 中对图层应用摄像机跟踪，首先，要求拍摄的素材是一个运动镜头，镜头的时长不要太长，同时镜头的运动要稳。其次，要求画面中的内容有明显的透视关系，并且至少有一个比较明显的平面，这样更利于跟踪摄像机的运动轨迹。

跟踪摄像机的具体操作如下。

第一步，选中要应用跟踪摄像机的图层，打开跟踪器窗口，点击上面的"跟踪摄像机"按钮，After Effects 会为图层自动添加"3D 摄像机跟踪器"滤镜，打开图层的效果控件窗口，会看到此时 After Effects 正在自动分析摄像机，如图 7-1-6 所示。

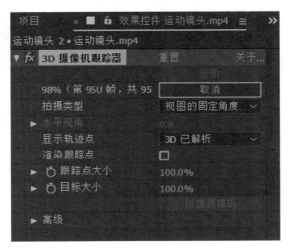

图 7-1-6　效果控件窗口的 3D 摄像机跟踪器

这时合成窗口会按顺序显示分析摄像机的进度，如图 7-1-7 所示。

图 7-1-7　合成窗口显示分析摄像机的进度

第二步，分析摄像机结束后，图层上会出现各种跟踪点。可以用鼠标删除无用的点，也可以用鼠标选择一些在同一平面的跟踪点，还可以按下 Shift 键加选跟踪点，或者挪动鼠标自动框选出一个平面。一般选择三个在同一平面上的跟踪点，然后出现这三个点对应的平面。在选择的跟踪点上右击，在弹出的菜单中选择"创建文本和摄像机"命令，如图 7-1-8 所示。然后在合成中自动创建一个三维文字层和一个摄像机层，如图 7-1-9 所示。

图 7-1-8　创建文字层和摄像机层

图 7-1-9　时间线窗口上的文字层和摄像机层

第三步，创建的文字层，默认已经输入了"文本"两个字，可以把它们删除，然后输入自己所需要的文字，并在字符窗口设置文字的大小、字体等属性。设置完毕后，会发现图层中的文字被拍摄这个画面的摄像机控制，跟随摄像机的运动而运动，如图 7-1-10 所示。

图 7-1-10　摄像机跟踪效果

第二节　稳定

对于一些由于前期拍摄出现失误，导致画面晃动的视频，After Effects 还可以利用运动追踪技术将其稳定。它的原理是对晃动的画面进行追踪，追踪它的运动轨迹，然后将这个轨迹赋予它自身，通过调整画面的位置、比例和旋转等变换属性，实现画面的稳定。稳定画面的操作与运动追踪一样，都是在跟踪器窗口进行的。跟踪器窗口有两个按钮，可以进行稳定操作，一个是"稳定运动"，另一个是"变形稳定器"，后者的稳定效果比前者要好。

一、稳定运动

稳定运动的具体设置步骤如下。

第一步，在时间线窗口，选中需要稳定的层，打开跟踪器窗口。

第二步，在跟踪器窗口中，点击"稳定运动"按钮，激活窗口中的稳定设置选项。

第三步，在图层窗口会出现一个"跟踪点 1"，将时间指针放到 0 帧处，把追踪的控制框拖拽到画面中本身不动的物体上，且这个物体尽量在亮度或者色度方面与周围物体有较大的差异，然后在跟踪器窗口点击"分析"按钮，自动分析计算，如图 7-2-1 所示。

图 7-2-1　设置跟踪框的位置

第四步，分析完毕后，点击"应用"按钮，在弹出的"动态跟踪器应用选项"对话框，应用维度选择"X 轴和 Y 轴"，单击"确定"按钮。

第五步，回到时间线窗口，选中被稳定的层，按 U 键展开所有的关键帧，可以看到刚才的跟踪点经过跟踪计算后产生的一系列关键帧，如图 7-2-2 所示。同时，图层的锚点也添加了一系列关键帧。

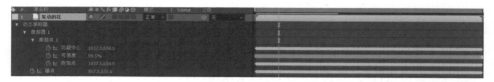

图 7-2-2　经过跟踪计算后产生的一系列关键帧

第六步，播放预览，会发现因为锚点数值的改变，被稳定的图层产生了一个位置动画，常常不能填满整个合成窗口，如图 7-2-3 所示。适当地调大图层的缩放值，并更改图层的位置，使图层能重新填充满整个合成窗口。至此，画面的稳定运动设置完毕，画面的晃动得到了一定程度的改善。

图 7-2-3　图层无法填满整个合成窗口

二、变形稳定器

变形稳定器的稳定效果好于稳定运动，尤其是在稳定晃动的固定镜头时，效果更佳。应用变形稳定器后，After Effects 会自动分析图层的晃动镜头，具体操作步骤如下。

第一步，在时间线窗口，选中需要稳定的层，打开跟踪器窗口。

第二步，在跟踪器窗口点击"变形稳定器"按钮，然后在效果控件窗口自动为图层添加一个"变形稳定器"滤镜，并自动分析画面的运动数据，合成窗口会显示分析的进度，如图 7-2-4 所示。

图 7-2-4　After Effects 自动分析图层的晃动

第三步，分析结束后，After Effects 自动对图层进行稳定，并在效果控件窗口给出一组参数设置，如图 7-2-5 所示。

图 7-2-5　After Effects 自动稳定图层的晃动

第四步，稳定结束后，可以预览稳定效果。如果对稳定的效果不满意，可以在效果控件窗口重新设置相关参数，再次进行稳定处理。变形稳定器的具体参数，如图 7-2-6 所示。

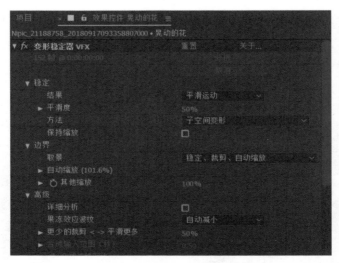

图 7-2-6　变形稳定器的参数设置

分析：分析画面的运动，在首次应用变形稳定器时无须按下该按钮，软件会自动激活该按钮。分析结束后，如果不对变形稳定器进行任何参数的修改，"分析"按钮将保持灰暗状态。

取消：取消正在进行的分析。在分析期间，状态信息显示在"取消"按钮旁边。

稳定：利用"稳定"设置，可调整稳定过程。

结果：控制稳定的预期效果，它有两个选项。默认选项是"平滑运动"，它可以保持原始摄像机的移动，使其更平滑。在选中后，会启用"平滑度"来控制摄像机移动的平滑程度。第二个选项是"不运动"，该选项尝试消除拍摄中的所有摄像机运动。在选中后，将在"高级"部分中禁用"更少的裁剪平滑更多"功能。如果晃动的画面是固定镜头，一般会选择"不运动"。

平滑度：选择稳定摄像机原始运动的程度。值越低越接近摄像机原来的运动，值越高越平滑。如果值在 100 以上，则需要对画面进行更多裁剪。

方法：指定变形稳定器为稳定画面而对其执行最复杂的操作，它有四个选项。选择"位置"，那么稳定仅基于位置数据，这是稳定画面最基本的方式；选择"位置、缩放、旋转"，那么稳定将基于位置、缩放、旋转数据，如果没有足够的区域用于跟踪，变形稳定器将选择上个类型（位置）；选择"透视"，使用将整个帧边角有效固定的稳定类型，如果没有足够的区域用于跟踪，变形稳定器将选择上个类型（位置、缩放、旋转）；选择"子空间变形"，尝试以不同的方式将画面的各个部分变形以稳定整个画面。如果没有足够的区域用于跟踪，变形稳定器将选择上个类型（透视）。在任何给定帧上使用该方法时，根据跟踪的精度，画面中会发生一系列相应的变化。

注意：在某些情况下，"子空间变形"可能引起不必要的变形，而"透视"可能引起不必要的梯形失真，可以通过选择更简单的方法来防止异常。

边界设置调整如何为稳定后的素材处理边界（移动的边缘）。

取景：控制边缘在稳定结果中如何显示，它也有四个选项。选择"仅稳定"，将允许用户用其他方法裁剪画面；选择"稳定、裁剪"，将会裁剪画面的边缘而不进行任何的缩放；选择"稳定、裁剪、自动缩放（默认）"，将会裁剪画面的边缘，并扩大图像以重新填充；选择"稳定、人工合成边缘"，将使用时间上稍早或稍晚的帧中的内容填充由运动边缘创建的空白区域。

自动缩放：显示当前的自动缩放量，并允许用户对自动缩放量设置限制。通过将取景设为"稳定、裁剪、自动缩放"可启用自动缩放。

最大缩放：限制为实现稳定而按比例增加画面比例的最大量。

动作安全边距：如果为非零值，则会在预计不可见的画面边缘周围指定边界。因此，自动缩放不会试图填充它。

其他缩放：使用与在"变换"下使用"缩放"属性相同的结果放大画面，但是避免对画面进行额外的重新取样。

高级：展开该项，可以对变形稳定器进行更多的设置，进一步完善画面的稳定效果。

稳定运动和变形稳定器都可以在一定程度上改善画面的晃动，但是变形稳定器的参数设置更为复杂，所以效果也更强大一些，但是对于一些晃动特别严重的画面，尤其是运动镜头，After Effects 内置的稳定功能也无法达到非常完美的稳定效果。

第三节　课堂案例

本节通过三个案例讲解本章比较重要的几个知识点——运动追踪的应用、

跟踪摄像机的应用和画面稳定的处理。

一、晃动镜头的稳定

⚲ **本例知识点**

  变形稳定器的使用。

⚲ **实践内容**

  导入素材，根据素材的大小创建一个合成，将素材拖放到合成中，使用跟踪器窗口的变形稳定器对镜头进行稳定处理。操作步骤如下。

1. 导入素材

双击项目窗口的空白处，打开"导入文件"对话框，找到本案例配套的素材文件夹"第七章\课堂案例\晃动镜头的稳定\素材"，双击打开，选中"晃动的镜头 .mp4"，将其导入项目窗口中。

2. 新建合成

拖动"晃动的镜头 .mp4"到"新建合成"按钮上，创建一个跟素材的尺寸和时长完全相同的合成。

3. 对素材进行稳定处理

（1）添加变形稳定器 VFX。在合成中，选中图层"晃动的镜头 .mp4"，然后打开跟踪器，点击"变形稳定器"按钮，为图层添加一个"变形稳定器 VFX"，如图 7-3-1 所示。

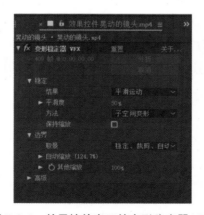

图 7-3-1 效果控件窗口的变形稳定器 VFX

（2）自动稳定画面。等待 After Effects 自动对画面进行后台分析和画面稳定，如图 7-3-2 所示，然后按下空格键预览镜头的稳定效果，预览发现画面的抖动并没有得到完美的处理。

图 7-3-2　After Effects 自动对画面进行分析和稳定

（3）进一步调整参数。打开效果控件窗口的变形稳定器 VFX，对其参数进行进一步的设置。将平滑度的参数设置为 100%，然后 After Effects 会自动根据当前参数，重新对画面进行稳定，如图 7-3-3 所示。

图 7-3-3　参数改变后对画面的重新稳定

画面重新稳定后，通过预览会发现，画面的抖动基本消除，但是一开始几帧的抖动仍旧没有得到很好的处理。

（4）进行详细分析。展开变形稳定器 VFX 的高级选项，勾选"详细分析"，此时，After Effects 会重新对画面进行分析和稳定。稳定结束后，再次预览观看效果。

（5）至此，晃动镜头的稳定制作完毕，按下空格键播放预览，案例的最终效果，如图 7-3-4 所示。

图 7-3-4 稳定后的最终效果

二、屏幕追踪合成

本例知识点
透视追踪的应用。
边角定位滤镜的应用。

实践内容
导入素材，根据素材的大小创建一个合成，将素材拖放到合成中，对素材应用"边角定位"滤镜，将素材定位到另一个素材的屏幕上。使用跟踪器窗口的"跟踪运动"对镜头进行透视追踪，将两个素材合成到一起。操作步骤如下。

1. 导入素材

双击项目窗口的空白处，打开"导入文件"对话框，找到本案例配套的素材文件夹"第七章\课堂案例\屏幕追踪合成\素材"，选中"屏幕追踪.mp4"和"跳到杯里最终效果.mp4"两个素材，将它们导入项目窗口中，如图 7-3-5 所示。

2. 创建合成

拖动"屏幕追踪.mp4"到"新建合成"按钮上，创建一个跟素材的尺寸和时长完全相同的合成，将其命名为"屏幕追踪合成"，如图 7-3-5 所示。

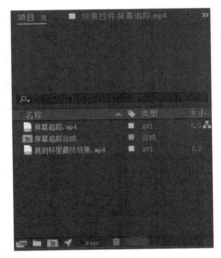

图 7-3-5　导入素材和新建合成

3. 设置素材的入点和出点

双击打开素材"跳到杯里最终效果 .mp4"的素材窗口，在 3 秒 20 帧处设置入点，在 7 秒 15 帧处设置出点，截取这段素材的部分镜头，如图 7-3-6 所示。

图 7-3-6　设置素材的入点和出点

4. 对素材进行稳定处理

打开合成，选中图层"屏幕追踪 .mp4"，右击选择快捷命令"跟踪和稳定 > 变形稳定器 VFX"，为图层添加一个变形稳定器，对图层进行稳定处理，如图 7-3-7 所示。

图 7-3-7　稳定图层

5. 对素材进行追踪合成

（1）将跳水图层放置到手机屏幕上。打开合成，将素材"跳到杯里最终效果 .mp4"拖放到合成中，并放置到图层"屏幕追踪 .mp4"的上方。展开图层"跳到杯里最终效果 .mp4"的缩放属性，调整其比例为 29.5%，在合成窗口，将其拖放到"屏幕追踪 .mp4"图层的手机屏幕上，如图 7-3-8 所示。

图 7-3-8　将跳水图层放置到手机屏幕上

（2）为跳水图层添加边角定位。执行菜单命令"扭曲＞边角定位"，为图层"跳到杯里最终效果 .mp4"添加边角定位滤镜。在合成窗口，选中图层四个角拖动到手机屏幕的四个角上，效果控件窗口中"边角定位"的四个参数也相应地发生了改变，如图 7-3-9 所示。

图 7-3-9　为跳水图层添加边角定位

（3）为图层添加透视边角追踪。选中图层"屏幕追踪.mp4"，然后打开跟踪器窗口，点击"跟踪运动"按钮，跟踪类型处选择"透视边角定位"。此时，合成窗口出现四个跟踪点。用选择工具将四个跟踪点拖放到手机屏幕的四个角上，如图 7-3-10 所示。

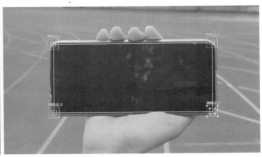

图 7-3-10　为图层添加透视边角追踪

（4）对图层进行透视边角追踪。因为图层"屏幕追踪.mp4"晃动有些强烈，所以该图层的运动追踪可以采用自动追踪和手动逐帧追踪相结合。1 秒前的画面进行自动追踪，1 秒后的画面手动进行追踪，逐帧调整画面上四个跟踪点的位置，从而完成整段视频的追踪分析。

（5）应用运动追踪。追踪完毕后，点击"应用"按钮，将运动轨迹的数据赋予图层"跳到杯里最终效果.mp4"的"边角定位"滤镜的四个参数，同时自动产生一系列的关键帧，如图 7-3-11 所示。

图 7-3-11　应用运动追踪

（6）至此，屏幕追踪合成效果完成，按下空格键预览播放，案例的最终合成效果，如图 7-3-12 所示。

图 7-3-12　最终效果

三、跟踪摄像机

🖱 **本例知识点**

　　跟踪摄像机的使用。

🖱 **实践内容**

　　使用跟踪摄像机滤镜，制作三维弹出的字幕效果。操作步骤如下。

1. 导入素材

　　双击项目窗口的空白处，打开"导入文件"对话框，找到本案例配套的素材文件夹"第七章\课堂案例\跟踪摄像机\素材"，双击打开，选中"跟踪摄像机 .mp4""咻 .mp3""背景音乐 .mp3"，点击"导入"按钮，将它们导入项目窗口中。

2. 新建合成

　　拖动"跟踪摄像机 .mp4"到"新建合成"按钮上，创建一个跟素材的尺寸和时长完全相同的合成。

3. 对素材进行跟踪摄像机处理

　　选中图层"跟踪摄像机 .mp4"，右击，选择快捷菜单命令"跟踪和稳定 > 跟踪摄像机"，为图层进行摄像机跟踪，分析和解析完摄像机后，合成窗口的图层上会出现一系列跟踪点，如图 7-3-13 所示。

图 7-3-13　为图层添加 3D 摄像机跟踪器

4.制作文字动画

（1）创建文本层和摄像机层。在合成窗口，用鼠标选择摩天轮上的一个跟踪点，按下 Ctrl 键，选择另外两个跟踪点，然后右击鼠标，选择快捷菜单命令"创建文本和摄像机"，为合成添加一个文本层和摄像机，如图 7-3-14所示。

图 7-3-14　创建文本和摄像机

（2）更改默认文字的内容。在时间线窗口，双击文本层，文本生成的默认文字改为"导演李成晓"，在字符窗口设置文字的大小、颜色、字体等参数，如图7-3-15所示。

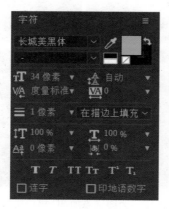

图7-3-15　更改默认文字的内容

（3）制作文字动画。打开文字层"导演李成晓"的变换属性，更改其位置的参数为（954.5，592.8，–1169.7），将文字放置到画面中猫头鹰的上方。然后为文字制作沿X轴抬起的动画效果。首先，用向后平移锚点工具移动图层锚点的位置为（–4.1，11.7，–0.4），使锚点在文字的下方。在1秒45帧处，设置X轴旋转值为90度，不透明度的值为0；在2秒2帧处，设置不透明度为100%；在2秒18帧处，设置X轴旋转值为0度。选中位置关键帧，右击执行快捷菜单命令"关键帧辅助>缓动"将其插值改为缓动。文字动画的效果，如图7-3-16所示。

图7-3-16　设置文字动画

（4）创建新的文字层。在合成窗口，用鼠标选择菠萝玩偶上的一个跟踪点，按下Ctrl键，选择另外两个跟踪点，然后右击鼠标，选择快捷菜单命令"创建文本"，为合成添加一个新的文本层，如图7-3-17所示。

图 7-3-17 创建文本层

（5）更改默认文字的内容。在时间线窗口，双击新建的文本层，将文本默认的文字改为"编剧李安然"，在字符窗口设置文字的大小、颜色、字体等参数，如图 7-3-18 所示。

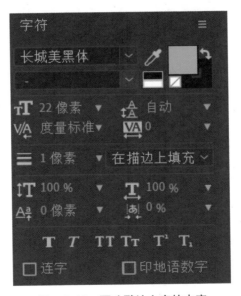

图 7-3-18 更改默认文字的内容

（6）制作文字动画。打开文字层"编剧李安然"的变换属性，更改其位置的参数为（3055.5，629.3，3147.0），将文字放置到画面中菠萝玩偶的上方。然后，为文字制作沿 X 轴抬起的动画效果。首先，用向后平移锚点工具移动图层锚点的位置为（2.0，8.4，1.1），使锚点在文字的下方。在 4 秒 28 帧处，设置 X 轴旋转值为 –90 度，不透明度的值为 0；在 4 秒 35 帧处，设置不透明度为 100%；在 4 秒 46 帧处，设置 X 轴旋转值为 0 度。选中位置关键帧，右击执行快捷菜单命令"关键帧辅助 > 缓动"将其插值改为缓动。文字动画的效果，如图 7-3-19 所示。

图 7-3-19　制作编剧文字层的文字动画

（7）创建新的文字层。在合成窗口，用鼠标选择猫咪玩偶上的一个跟踪点，按下 Ctrl 键，选择另外两个跟踪点，然后右击鼠标，选择快捷菜单命令"创建文本"，为合成添加一个新的文本层。

（8）更改默认文字的内容。在时间线窗口，双击新建的文本层，将文本默认的文字改为"摄像张洁"，在字符窗口设置文字的大小、颜色、字体等参数，如图 7-3-20 所示。

（9）制作文字动画。打开文字层"摄像张洁"的变换属性，更改其位置的参数为（3349.8，951.4，2352.3），将文字放置到画面中猫咪玩偶的右侧。然后为文字制作沿 Y 轴抬起的动画效果。首先，用向后平移锚点工具移动图层锚点的位置为（–31.6，0.7，5.2），使锚点在文字的下方。在 7 秒 19 帧处，设置 Y 轴旋转值为 90 度，不透明度的值为 0；在 7 秒 24 帧处，设置不透明度为 100%；在 7 秒 31 帧处，设置 Y 轴旋转值为 0 度。选中位置关键帧，右击执行快捷菜单命令"关键帧辅助 > 缓动"将其插值改为缓动。文字动画的效果，如图 7-3-21 所示。

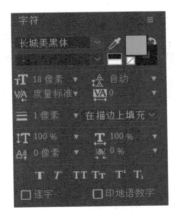

图 7-3-20　摄像张洁文字层的文字设置

图 7-3-21　摄像张洁文字层的文字动画

5. 最终合成

（1）合成音效。将素材"咻 .mp3"拖放到合成里，将其入点放置到 1 秒 45 帧处。再次将"咻 .mp3"拖放到合成里，将其入点放置到 4 秒 28 帧处。再次将"咻 .mp3"拖放到合成里，将其入点放置到 7 秒 19 帧处。

（2）合成背景音乐。将素材"背景音乐 .mp3"拖放到合成里，为其音频电平创建关键帧动画，在 8 秒 7 帧处，设置音频电平的值为 0.00dB；在 9 秒 15 帧处，设置音频电平的值为 –32.00dB。创建音频淡出的效果。

（3）调整音效的音量。播放预览，微调三个音效的音量，具体参数，如图 7-3-22 所示。

图 7-3-22　音频合成

（4）至此，跟踪摄像机效果制作完毕，按下空格键播放预览，案例的最终效果，如图 7-3-23 所示。

图 7-3-23　最终效果

🖰 **本章小结**

本章主要讲解了运动追踪的原理，介绍了单点追踪、两点追踪和四点追踪的方法，同时，讲解了跟踪摄像机和稳定画面的方法。通过三个课堂案例，加深对上述知识点的理解和掌握。利用运动追踪技术，可以制作出很多有意思的合成画面，需要同学们多练习、多操作，在前期拍摄时对素材画面进行精心的设计。

🖰 **思考与练习**

1. 找出一些手持拍摄导致晃动的画面，在跟踪器窗口，对晃动的画面进行稳定，并比较变形稳定器和稳定运动在稳定效果上的区别。

2. 使用跟踪摄像机功能，设计一个特效镜头。

3. 设计并拍摄素材，制作一个特效片段，在该片段利用单点追踪、两点追踪和四点追踪技术。

第八章
色彩校正

本章学习目标

- 掌握色彩校正的相关基础知识
- 掌握常用的色彩校正内置滤镜
- 能对影像画面进行校色和调色

本章导入

    After Effects 是一款后期特效合成软件，同样也提供了一系列关于调色的功能和滤镜，这些调色滤镜大多数跟 Premiere 中的调色滤镜有一样的参数和功能。在 After Effects 中应用调色滤镜，不仅能实现对画面的调色、校色与润色，营造特定的色调风格，还可以对多个画面进行色彩匹配，使它们在合成为一个镜头时在影调和色调方面统一。除此之外，还可以制作基于颜色变化的特效镜头，从而丰富后期特效镜头的视听表达。

第一节　色彩校正的基础知识

一、校色与调色

校色是指校正颜色，把视频画面的色彩还原至原始色彩。例如，在前期拍摄时，没有调整好白平衡，导致画面偏色，就要在后期阶段进行校色。

调色是指改变画面原有的色调，形成不同感觉的另一色调。色彩可以在某种程度上改变人们的心理反应，对影片的氛围、主题思想等产生重要的影响，影视画面的调色就是通过改变画面的色调或影调，从而满足氛围的营造和主题的表达。

二、三基色

三基色是指红、绿、蓝三个颜色，人眼对这三种颜色最为敏感。大多数颜色可以通过这三种颜色按照不同的比例混合产生，同样，绝大多数单色光也可以分解成这三种颜色，但是这三种颜色中的任意一色都不能由另外两种颜色混合产生，色度学上将这三种独立的颜色称为"三基色"。

三、加色法

三基色按照不同的比例相加合成混色称为"相加混色"，除了相加混色法之外还有相减混色法。

相加混色又称为"加色法"，就是用红、绿、蓝三色按照不同比例相加而取得其他色彩的一种方法，如图 8-1-1 所示。

红色 + 绿色 = 黄色

红色 + 蓝色 = 品红

绿色 + 蓝色 = 青色

红色 + 绿色 + 蓝色 = 白色

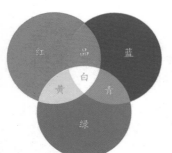

图 8-1-1　三基色的加色法

黄色、青色、品红都是由两种基色相混合而成，所以它们又称"相加二次色"。从上述颜色相加方法，我们也可以看出青色、黄色、品红分别是红色、蓝色、绿色的补色。

用相加混色法所表示的颜色模式称为"RGB 模式"，用相减混色法所表示的颜色模式称为"CMYK 模式"。RGB 模式是绘图软件和视频后期软件最常用的一种颜色模式，在这种模式下，处理影像比较方便，而且 RGB 存储的影像要比 CMYK 小，可以节省内存和空间。

除此之外，还有一个 YUV 模式，是用两个颜色通道和一个亮度通道来存储和显示颜色信息。

四、色彩的三要素

从人的视觉系统来看，色彩可用色相、亮度和饱和度来描述。人们看到的任一色彩都是这三个特性的综合效果，因此这三个特性可以说是色彩的三要素。

（一）色相

色相是色彩最基本的属性，指的是色彩的相貌，也就是我们通常说的"它是什么颜色"，色相环如图 8-1-2 所示。

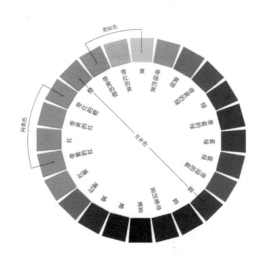

图 8-1-2　色相环

（二）亮度

亮度就是各种颜色的明暗度。一般将画面的亮度划分为 256 个等级，范围从 0—255。而我们通常讲的灰度图像，就是在纯白色和纯黑色之间划分了 256 个级别的亮度，从黑到灰，再到白，如图 8-1-3 所示。同理，在 RGB 模式中，亮度代表各基色的明暗度，即红、绿、蓝三基色的明暗度。

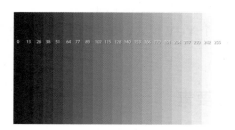

图 8-1-3　亮度级别

（三）饱和度

饱和度指的是构成色彩的纯度，或者是色彩的浓度和鲜艳程度。饱和度越高，色彩越鲜明，饱和度越低，色彩越不容易被感知。在调色时，高饱和度的色彩能使人产生强烈、艳丽的色彩感受。但是高饱和度的色彩容易让人感到单调刺眼。饱和度低，色感比较柔和协调，可混色太杂则容易让人感觉混浊，色调显得灰暗。

在色彩校正时，还经常遇到一个概念，就是对比度。对比度是指不同颜色之间的差异。对比度越大，两种颜色相差越大，反之，就越接近。如图 8-1-4 所示，是一组高对比度和低对比度的画面。

图 8-1-4　高对比度和低对比度画面

五、色彩深度

色彩深度又称为"色位深度"，是用 bit 数来表示画面色彩数目的单位。计算机描述一个数据空间通常用 2 的多少次方来表示，这个 2 的某次方，就代表了 2 的位数，以 bit 为单位。1bit 色深的画面即 2 的 1 次方，只能表现黑与白两种颜色。2bit 色深的画面，则是 2 的平方，可以表现 4 种颜色。

8bit 色深的画面，代表画面中有总数为 2 的 8 次方级的灰度来表现亮度和色度，基本可以产生非常细腻的效果，从而保留更多的画面细节。2 的 8 次方等于 256，计算机以 0 代表纯黑，255 代表纯白，中间的数值代表各级别的灰度，即有 0—255 个亮度和色度级别。8 位是最常用的色彩深度，当然根据需要的不同，还有 16 位和 32 位等，可以记录和表现更好的细节。8 位色深和10 位色深的对比图，如图 8-1-5 所示。

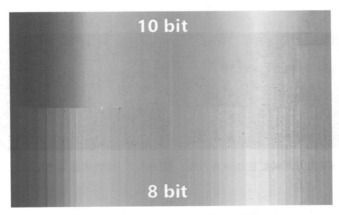

图 8-1-5　8 位和 10 位色深对比

在使用色彩校正滤镜进行调色时，还会遇到一些通用的术语或参数，准确理解它们的含义，可以帮助用户进行更高效的调色。

六、画面的亮度范围和色度范围

主体范围：整个画面所有亮度或色度区。

暗区：画面中亮度值或特定色彩通道色度值在 0—85 之间的像素对应的区域。

中间区：画面中亮度值或特定色彩通道色度值在 86—170 之间的像素对应的区域。

高亮区：画面中亮度值或特定色彩通道色度值在 171—255 之间的像素对应的区域。

七、直方图

在进行校色时，很多滤镜的参数是通过亮度通道的直方图和色度通道的直方图来进行调整的。亮度直方图显示画面中所有像素的亮度的统计分布，横轴从左至右代表亮度值由小到大（数值从 0—255），纵轴代表统计得到的每一亮度值处像素的数量，如图 8-1-6 所示。色度通道直方图的概念与此相似。例如，绿色通道的直方图中，横轴从左至右代表绿色通道数值由小到大（数值从 0—255），纵轴代表统计得到的每一绿色通道值处像素的数量，如图 8-1-7 所示。

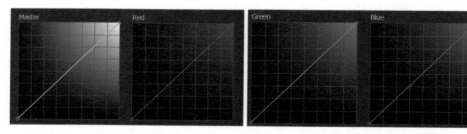

图 8-1-6　亮度直方图和红色通道直方图　　图 8-1-7　绿色通道直方图和蓝色通道直方图

八、伽马值

伽马值又称为"灰度系数"，改变伽马值主要影响画面的中间区，从中间区向两端的暗区和高亮区，受到伽马值变化的影响越来越小。比如，改变亮度通道的伽马值，则主要提升或降低的是画面的中间区对应的像素的亮度。色彩通道的伽马值的作用与此相似。

九、增益

改变增益主要影响的是画面的高亮区。从高亮区开始，中间区受到的影响较小，暗区受到的影响最小。例如，改变亮度通道的增益值，则主要提升或降低的是画面中的高亮区对应的像素的亮度。色彩通道的增益值的作用与此相似。

十、偏移

偏移值同步影响画面中指定通道的所有区域。例如，增大或减小亮度通道的偏移值，将使画面中的暗区、中间区、高亮区中所有的像素提升或降低相同的亮度数值。

第二节　调色滤镜

After Effects 的调色滤镜都放在效果和预设窗口的"颜色校正"文件夹里，这些滤镜可以调整画面的色调、饱和度和亮度，也可以使用一些调色滤镜并配合某个图层的混合模式来调整画面的色彩。下面介绍几个常用的调色滤镜。

一、常用的调色滤镜

（一）亮度和对比度

亮度和对比度是简单调整画面亮度的一个滤镜。它用于调整整个画面的亮度和对比度，可以立刻调整所有像素的高亮区、暗区和中间区。它的参数窗口，如图 8-2-1 所示。

图 8-2-1　亮度和对比度的参数窗口

提示： 亮度和对比度不能在单个通道上使用，在调整亮度参数时，会造成画面整体亮度提升，清晰度降低，所以必须配合对比度的调整。

（二）颜色平衡

颜色平衡滤镜用于调整画面的色调，或者改善画面的偏色。颜色平衡有9 个参数，分为红、绿、蓝三通道在阴影、中间调和高光区域的值。当参数设置为 –100 时，表示清除色相；当参数设置为 100 时，则表示加强色相，图层的质量不影响效果，其参数窗口，如图 8-2-2 所示。

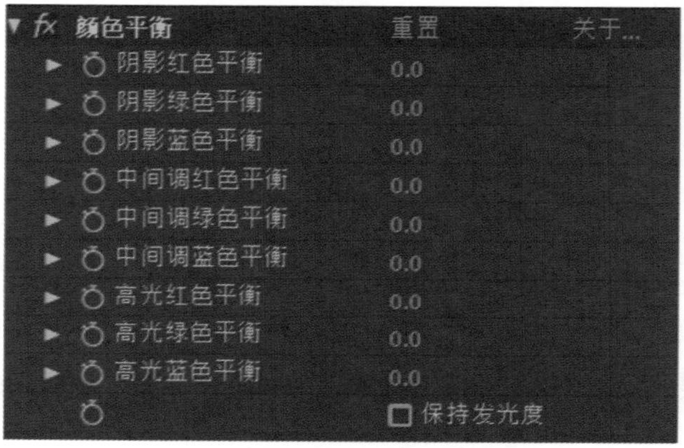

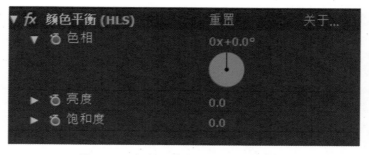

图 8-2-2   颜色平衡的参数窗口

（三）颜色平衡（HLS）

颜色平衡（HLS）通过色相、亮度和饱和度的调整，改变画面的色调和影调。它的调色效果不如颜色平衡强大，但是可以对画面进行快速的调色。它的参数窗口，如图 8-2-3 所示。

图 8-2-3   颜色平衡（HLS）的参数窗口

（四）曲线

曲线滤镜利用直方图对画面进行色彩校正，能用 0—255 的灰阶来调整像素的色彩。它的优势在于直方图上曲线的可调节性，可以根据需要在曲线上设置尽可能多的控制点。控制点和控制点之间调整的范围是非常大的，可以在曲线上给暗区、中间区、高亮区添加控制点，来分别控制画面不同区域的亮度和对比度。

当应用曲线滤镜时，效果控件窗口会显示一个直方图，可以在通道的下拉列表处，选择 RGB、红、绿、蓝或 Alpha 来切换直方图上的曲线。其中，RGB 曲线调整的是画面整体的亮度和对比度；红、绿、蓝三个通道的曲线分别调整红、绿、蓝三个通道的色调。曲线的参数窗口，如图 8-2-4 所示。

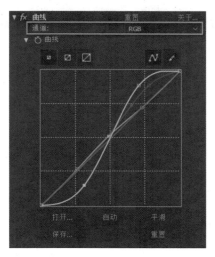

图 8-2-4　曲线的参数窗口

技巧：可以用鼠标为直线添加控制点，并调整控制点，使直线变为曲线，也可以使用铅笔工具绘制曲线。双击任何一个控制点，可以将曲线恢复为直线。

（五）色相 / 饱和度

色相 / 饱和度用于调整画面中单个颜色分量的色相、饱和度和亮度，其应用的效果和颜色平衡一样，但是参数的调整是通过色轮来进行的。

色相 / 饱和度还可以分通道控制色相、饱和度和亮度参数，因此，可以利用此滤镜做局部调色处理。除此之外，色相 / 饱和度还可以统一为画面添加某种色相，使得画面整体实现某种偏色。它的参数窗口，如图 8-2-5 所示。

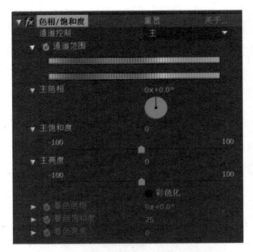

图 8-2-5　色相 / 饱和度的参数窗口

通道控制：通过其下拉列表选择调色的通道。如果选择主通道是对画面进行整体调色；如果选择红色或者其他颜色通道，仅对画面的某个颜色范围进行局部调色。

通道范围：显示颜色映射的谱线，用于控制通道范围。上面的谱线表示调整前的颜色，下面的谱线表示调整后所对应的颜色。

主色相：用于调整画面的主色调，取值范围为 –180 度—180 度。

主饱和度：用于调整画面的主饱和度。

主亮度：用于调整画面的主亮度。

彩色化：用于统一为画面添加某种色相，使画面整体偏向某种色彩。

着色色相：用于调整着色的色相。

着色饱和度：用于调整着色的饱和度。

着色亮度：用于调整着色的亮度。

（六）色阶

色阶可以调整画面中的亮度、对比度和伽马值。该滤镜中的"输入白色"，在保持 RGB 层次的情况下能够使画面变亮，而黑色的层次也被改变，所以用它进行调色时，画面的对比度和饱和度损失比较小，基本上保持固有本色。色阶的参数窗口，如图 8-2-6 所示。

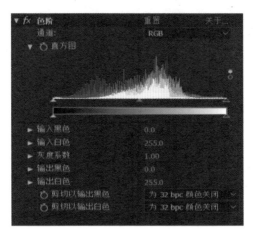

图 8-2-6　色阶的参数窗口

在色阶的直方图中，左侧的白色三角滑块用于调整画面暗区的亮度值，右侧的黑色三角滑块用于调整画面高亮区的亮度值，中间的灰色三角滑块用于调整画面中间区的亮度值。这三个滑块从左向右依次对应下方的输入黑色、灰度系数和输入白色三个参数值。

输入黑色：用于限定输入图像黑色值的阈值。

输入白色：用于限定输入图像白色值的阈值。

灰度系数：用于设置伽马值，调整输入输出对比度。

直方图下方亮度条上的白色滑块对应输出黑色的参数值，黑色滑块对应输出白色的参数值。

输出黑色：用于限定输出图像黑色值的阈值。

输出白色：用于限定输出图像白色值的阈值。

（七）更改颜色

更改颜色用于改变画面中某个颜色范围的色相、饱和度和亮度。可以通过选取某一个基色和设置容差值来确定颜色范围。它的参数窗口，如图 8-2-7 所示。

视图：可以选择合成窗口的观察视图。一般选择校正的图层或颜色校正遮罩。

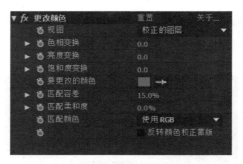

图 8-2-7　更改颜色的参数窗口

色相变换：以度为单位改变所选颜色范围。

亮度变换：以度为单位改变所选颜色的亮度。

饱和度变换：以度为单位改变所选颜色的饱和度。

要更改的颜色：选择画面中要改变颜色的区域。

匹配容差：调整颜色匹配的相似程度。

匹配柔和度：调整颜色匹配的柔和度。

匹配颜色：选择匹配的颜色空间，可以使用 RGB、Hue 色相和 Chroma 浓度。

反转颜色校正蒙版：反向校正蒙版。

（八）保留颜色

保留颜色，可以保留画面中某一颜色范围的颜色，而将画面其他的颜色全部脱色。保留颜色的使用，可以突出表现画面中的某个部分，完成叙事或者情绪的表达，它的经典运用就是电影《辛德勒的名单》中，多次出现的红衣小女孩的镜头，如图 8-2-8 所示。

图 8-2-8　电影《辛德勒的名单》中的红衣小女孩

保留颜色同样是通过选取某一个基色和设置容差值来确定颜色范围。它的参数窗口，如图 8-2-9 所示。

图 8-2-9 保留颜色的参数窗口

注意：对于动态影像来说，特定颜色范围的选取是一件比较复杂的工作，所以在应用更改颜色或者保留颜色这些滤镜时，一般在前期拍摄镜头时，就对画面进行周密的设计，尽量使画面中的其他颜色跟需要保留或者替换的颜色在色相上有较大的差异。

（九）Lumetri Color

Lumetri Color 是一个功能非常强大的调色滤镜，它既可以调用 LUT 模式对灰度画面进行快速色彩还原，也可以使用 LUT 调色预设快速地将画面调整成各种风格的色彩效果，还可以对画面进行亮度、对比度、饱和度和色调的一站式调整。观察它的参数窗口，可以发现它几乎集合了所有常用调色滤镜的功能，如图 8-2-10 所示。

图 8-2-10 Lumetri Color 的参数窗口

1. 基本校正

基本校正分为三个部分，如图 8-2-11 所示。在"输入 LUT"里，存放了一些专业摄像机的 LUT 预设，可以调用这些预设快速地对 LOG 模式下拍摄的画

面进行色彩还原。基本校正里的 LUT 预设数量有限，可以从网站上下载更多
的 LUT 预设，安装到 After Effects 中，进行调用。LUT 的安装路径：软
件安装盘符 \Program Files\Adobe\Adobe After Effects< 版本 >\Supports
Files\Lumetri\LUTs\Technical。也可以直接把下载好的 LUT 预设存放在某
个盘符里，在输入 LUT 的下拉列表框选择"浏览"，从弹出的对话框里，直
接选择某个 LUT 预设。

"白平衡"选项下有两个参数。色温，可以对偏色的画面进行白平衡调整。
色调，可以调整画面的色调，使画面呈现某种色彩倾向。

"音调"选项下的各项参数，可以对画面进行亮度、对比度和饱和度的调整。

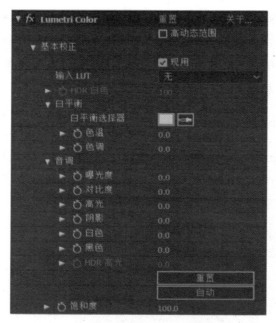

图 8-2-11　Lumetri Color 的基本校正参数窗口

2. 创意

创意 Look 里的 LUT 预设跟基本校正里的 LUT 预设的不同之处在于，
基本校正的"输入 LUT"一般应用于灰度画面，并对其进行快速色彩还原，
创意里的 LUT 预设是风格化的 LUT，可以应用于任何画面，用来改变画面
的颜色显示。在创意 Look 里调用某种 LUT 预设之后，可以继续使用"强度"
和"调整"项下的各个参数，对该 LUT 预设的效果进行进一步的调整，如

图 8-2-12 所示。

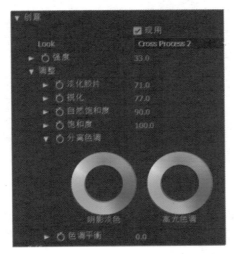

图 8-2-12 Lumetri Color 的创意参数窗口

图 8-2-13 Lumetri Color 的曲线

3. 曲线

Lumetri Color 有两个曲线，如图 8-2-13 所示。第一个是 RGB 曲线，它的功能和形式跟效果菜单里的"曲线"滤镜基本相同，都可以对画面的整体亮度和红、绿、蓝三个通道的色调进行调整。第二个是色相饱和度曲线，用来调整画面的饱和度。点击色轮下面的颜色圈可以在相应的颜色范围上添加控制点，将控制点向色轮的外部移动，该颜色范围的饱和度变高，反之，该颜色范围的饱和度变低。将控制点移动到色轮的中心灰色部分，该颜色范围的饱和度将变为 0。

4. 色轮

按照亮度等级区分，Lumetri Color 有阴影、中间调和高光三个色轮，色轮左边的推子向上移动可以提高某个亮度区域的亮度，向下移动可以降低某个亮度区域的亮度。色轮上的十字线可以重新定义阴影、中间调和高光的色调，如图 8-2-14 所示。色轮调整的前后对比，如图 8-2-15 所示。

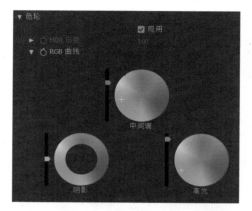

图 8-2-14　Lumetri Color 的色轮

图 8-2-15　色轮的调整对比效果

5. HSL 次要

HSL 次要可以选取画面中的局部颜色，从而实现对画面局部范围的色彩校正，它的参数，如图 8-2-16 所示。"键"选项下的三个参数主要用来选取画面中的某个颜色范围。"优化"选项，可以对这个颜色范围进行降噪和模糊处理。"更正"选项下的各项参数，用于对选取的颜色范围进行色调、对比度和饱和度的调整。

6. 晕影

晕影通过参数设置，给画面的四周添加一个晕影的效果，如图 8-2-17 所示。

图 8-2-16　Lumetri Color 的
HSL 次要参数

图 8-2-17　Lumetri Color 的晕影参数窗口和效果

二、一级调色和二级调色

画面的色彩校正一般分为两类：一级调色和二级调色。

（一）一级调色

一级调色是指对画面整体的色彩进行调整。例如，改善画面整体的光线、修正白平衡、去除偏色、匹配不同镜头的色调和影调或者控制反差等。

一级调色一般从修正白平衡开始，Lumetri Color 基本校正里面的白平衡可以快速精准地调整画面的偏色，通过吸管吸取画面中白色的部分，After Effects 会自动对画面进行白平衡的校正，如果对自动校正的效果不满意，可以继续更改色温和色调的数值，如图 8-2-18 所示。画面白平衡调整的前后对比，如图 8-2-19 所示。

图 8-2-18　Lumetri Color 的白平衡参数窗口

图 8-2-19　画面白平衡校正效果对比

调整画面的白平衡也可以使用滤镜——颜色平衡，根据画面的偏色情况，调整红、绿、蓝三个通道的色调。

画面白平衡校正之后，一般对画面进行亮度的调整，亮度调整往往跟对比度的调整是同步的。可以用亮度和对比度、曲线、色阶和 Lumetri Color 中的 RGB 曲线四个滤镜，进行画面的亮度调整。亮度和对比度相比其他三个滤镜在调整方面稍显逊色。

亮度调整后，根据画面的主题或者风格，进行整体色调的风格化调整。颜色平衡、颜色平衡（HLS）、色相 / 饱和度、曲线和 Lumetri Color 中的曲线与色轮都可以对画面的整体色调和饱和度进行调整，也可以调用 Lumetri Color 中的 LUT 预设完成画面的整体调色。

（二）二级调色

在一级调色的基础上，对画面中某一颜色范围进行的局部调整称为"二级调色"。二级调色指定画面中的一个颜色范围，对其进行调整而不影响其他颜色。例如，调整人物肤色、调整天空的色彩、只保留画面中的红色，或者将画面中的红色替换为其他颜色、调整高亮区的颜色或亮度等。

在二级调色中有三种不同类型的调色，分别是色键调色、遮罩调色和色彩范围调色。

1. 基于色键的调色

常见的二级调色是选定画面中特定颜色，基于此颜色进行调色，由于这种操作与传统的蓝屏、绿屏抠像一样，所以这种调色方式被叫作"色键调色"，色键调色特别适合于有连续色彩范围的画面。在 After Effects 中，基于此种调色的滤镜有更改颜色、更改为颜色、保留颜色及 Lumetri Color 中的 HSL 次要等。

2. 基于遮罩的调色

遮罩可以是简单的圆形或方形，也可以是自定义的形状，遮罩圈定了一定范围的画面，可以使画面进行局部分离，然后对所分离的区域进行调色。一旦创建了遮罩，调色滤镜所起作用的区域将被限定在遮罩内部或外部，如图 8-2-20 所示。

图 8-2-20　遮罩调色效果

3. 基于色彩范围的调色

这是对画面中特定区域调色的另外一种方法，利用画面中某个光谱的色相、饱和度和亮度范围来进行调整。可以使用色相／饱和度滤镜，选择某个颜色通道，再继续调整下方的通道范围，精确定位一个色彩范围，再对色彩范围内颜色的相关参数进行调整，如图 8-2-21 和图 8-2-22 所示。

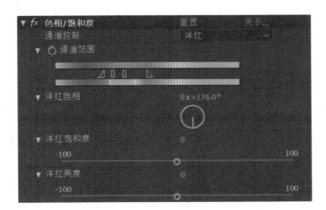

图 8-2-21　色相／饱和度的色彩范围选择

图 8-2-22　基于色彩范围的调色效果对比

技巧：由于二级调色所产生的作用限定于画面的局部，所以通常可以在一个画面中多次应用二级调色。

三、调色技巧

（一）画面明暗调整

如果画面太亮且灰，缺少饱和度，暗区部分有很明显的空缺。例如，画面中应该黑的，像头发、眼睛等不够黑，一般用曲线来调整比较合适。如果画面本身已经很暗，那就将图层的混合模式设为屏幕，然后调整明暗和模糊度。当然，画面色彩也不要过度饱和，最好是对着监视器调色，并把调色的结果输出到电视机上，观察在电脑和电视机上效果的差别。

（二）根据主题色调调整

After Effects 的调色滤镜很多，并不局限于单独使用某一个滤镜，往往可以组合应用。当人为地提高某些色彩的纯度时，其他中间色都跟不上，就使画面看起来有点假。这时候将所有中间色调向一种色调倾向，会有助于凸显主题鲜明的颜色，基本上基调的色相应该偏主题色的补色。

此外，还可以利用纯色层的叠加做统一色调的调整。操作步骤是建立一个带颜色的纯色层，让其与下面的图层做颜色叠加，定好大的色调，然后再复制下面的图层置顶，并调节该图层的不透明度值。这种方法也能达到意想不到的效果，而且速度比较快，几乎不用滤镜就能实现。若将纯色层的颜色设为灰色系，还可以做出"消色"的效果。

（三）处理好主题色与补色的关系

在拍摄室内景时，一般情况下主光源为冷色，辅助光为暖色，暗部相对偏暖。这些特征在视频素材中有时不能得到体现，调整过程中就必须人为地向这个方向去调。比如，同是室内景，因主题色为黄色或绿色，调整方向又有所区别，需要去除一切不和谐色系。又如，室内人物多，杂乱，无主题色，那么画面必须突出光感，营造氛围。调整过的画面感觉清澈干净，这时可以运用柔光的效果，但柔光不能乱用，会使画面模糊不清。在主题色和补色之间，色彩渐变的层次越多，画面越沉稳，但这些中性色都得非常含蓄，绝对不能凸显出来。

再如，拍摄室外景时，若阳光直射，景物线条轮廓僵硬，色彩杂乱，而主题色为大红，画面中又有大面积的纯白色或橘黄色，可以根据需要将所有其他灰度色彩都调向任何一种色系，一般来说，蓝色是比较普遍的做法，且效果明显。

第三节　课堂案例

本节通过三个案例来讲解本章常用的调色滤镜——曲线、色阶、色相 / 饱和度、更改颜色和 Lumetri Color 的应用。

一、老电影效果

本例知识点

色调、曲线、亮度和对比度、添加颗粒等滤镜的应用。

调整图层的使用。

表达式的添加和书写。

实践内容

为视频素材添加色调、曲线滤镜，改变视频的色调和亮度，然后给视频添加颗粒，制作老电影的颗粒感。使用调整图层和表达式，制作视频画面亮度闪烁的效果，最后将划痕视频合成到视频画面上。操作步骤如下。

1. 导入素材

（1）导入素材。双击项目窗口的空白处，打开"导入文件"对话框，找到本案例配套的素材"第八章 \ 课堂案例 \ 老电影效果 \ 素材"文件夹，将里面的素材全部导入项目窗口中。

（2）设置素材的入点和出点。在项目窗口，双击打开"学院宣传片 .mp4"的素材窗口，在 1 分 27 秒 7 帧处设置入点，在 1 分 31 秒 2 帧处设置出点。

2. 新建合成

拖动"学院宣传片.mp4"到"新建合成"按钮上，创建一个跟素材的尺寸和时长完全相同的合成，将其命名为"老电影效果"。

3. 对素材进行色彩校正

（1）添加色调滤镜。在时间线窗口选中图层"学院宣传片.mp4"，执行菜单命令"效果 > 颜色校正 > 色调"为图层添加色调滤镜，改变画面的色彩，具体参数和效果，如图 8-3-1 所示。如果想做成黑白电影的效果，可以为图层添加黑色和白色滤镜。

图 8-3-1　色调的参数设置和效果

（2）添加曲线滤镜。添加色调滤镜后，画面亮度变暗，继续执行菜单命令"效果 > 颜色校正 > 曲线"为图层添加曲线滤镜，提升画面的亮度和对比度。具体参数和效果，如图 8-3-2 所示。

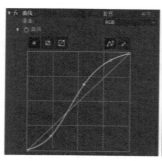

图 8-3-2　曲线的参数设置和效果

（3）添加颗粒。在时间线窗口选中图层"学院宣传片.mp4"，执行菜单命令"效果 > 杂色和颗粒 > 添加颗粒"为画面添加颗粒，模拟老电影画面的粗糙感。具体参数和效果，如图 8-3-3 所示。

图 8-3-3　添加颗粒的参数设置和效果

（4）添加表达式。新建一个调整图层，执行菜单命令"效果 > 色彩校正 > 亮度和对比度"为画面添加亮度和对比度滤镜。展开调整图层的变换属性，按住 Alt 键的同时点击亮度前面的秒表按钮，为亮度添加一个表达式 wiggle(5,20)，造成画面亮度闪烁的效果，如图 8-3-4 所示。亮度由表达式控制，数字可以根据每个人的实际情况做调整，数值越大，闪烁越明显。

图 8-3-4　为调整图层的亮度和对比度添加表达式

4. 最终合成

（1）添加噪点和划痕效果。将素材"划痕和噪点 .mp4"拖放到合成的最上一层，为画面添加噪点和划痕效果，设置图层"划痕和噪点 .mp4"的混合模式为"相加"或者"屏幕"。

（2）至此，老电影画面制作完毕，按下空格键播放预览，案例的最终效果，如图 8-3-5 所示。

图 8-3-5　老电影画面的最终效果

二、水墨淡彩效果

🖑 **本例知识点**

　黑色和白色、色阶等调色滤镜的应用。

　查找边缘、中值、高斯模糊等滤镜的应用。

　调整图层的使用。

🖑 **实践内容**

　为素材添加查找边缘、中值和高斯模糊等滤镜，让视频变得边界清晰，内部画面柔和模糊。然后复制一层，通过相乘的混合模式增加画面的清晰度。创建一个调整图层，为它添加色阶，调整画面的亮度和对比度，添加黑色和白色滤镜，使画面变为黑白水墨的效果。操作步骤如下。

1. 导入素材

双击项目窗口的空白处，打开"导入文件"对话框，找到本案例配套的素材"第八章\课堂案例\水墨淡彩效果\素材"文件夹，双击打开，将里面的素材导入项目窗口中。

2. 新建合成

在项目窗口，拖动素材"风景.jpg"到"新建合成"按钮上，创建一个跟素材的尺寸完全相同的合成，将其命名为"水墨淡彩效果"。

3. 制作水墨淡彩效果

（1）添加查找边缘滤镜。选中图层"风景.jpg"；执行菜单命令"效果 > 风格化 > 查找边缘"为画面添加查找边缘滤镜。具体参数设置和画面效果，如图 8-3-6 所示。

图 8-3-6　查找边缘的参数设置和效果

（2）添加中间值滤镜。选中图层"风景 .jpg"，执行菜单命令"效果 >
杂色和颗粒 > 中间值"为画面添加中间值滤镜，此滤镜可以使画面的像素扩
大，在轮廓不变的情况下像素模糊。具体参数设置和画面效果，如图 8-3-7
所示。

图 8-3-7　中间值的参数设置和效果

（3）添加模糊效果。选中图层"风景 .jpg"，执行菜单命令"效果 > 模
糊 > 高斯模糊"为画面添加模糊效果。具体参数设置和画面效果，如图 8-3-8
所示。

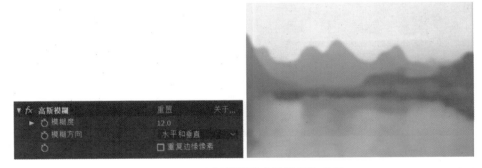

图 8-3-8　高斯模糊的参数设置和效果

（4）选中"风景 .jpg"，按快捷键 Ctrl+D，复制一层，并命名为"清晰
风景 .jpg"。展开图层，设置其不透明度为 71%，更改图层模式为相乘，它
跟风景层的叠加效果，如图 8-3-9 所示。

图 8-3-9　清晰风景层的图层模式设置和效果

（5）新建一个调整图层，将它放在合成的最上层。执行菜单命令"效果 >
颜色校正 > 色阶"为画面添加色阶。将直方图上右侧的白色滑块向左侧移动，
提高画面高亮区的亮度，将左侧的黑色滑块向右侧移动，使暗区的亮度进一
步降低，从而使画面的对比度增强。色阶的参数设置和画面效果，如图 8-3-10
所示。

图 8-3-10　色阶的参数设置和效果

（6）添加黑色和白色滤镜。执行菜单命令"效果 > 颜色校正 > 黑色和白
色"为画面添加黑色和白色滤镜，使画面变成黑白水墨画的效果。如果想要
带一点淡彩的水墨效果，那么勾选"淡色"，点击"色调颜色"右边的拾色器，
选择一种淡淡的颜色即可，如图 8-3-11 所示。

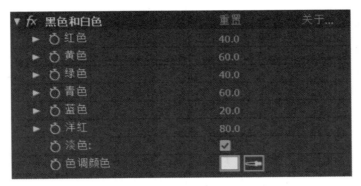

图 8-3-11　黑色和白色的参数设置

（7）至此，水墨淡彩制作完毕，按下空格键播放预览，案例的最终效果，如图 8-3-12 所示。

图 8-3-12　水墨淡彩效果

三、Lumetri Color 调色

🖱 本例知识点

　　Lumetri Color 中 LUT 预设的调用。

　　Lumetri Color 中曲线的应用。

⚗ **实践内容**

导入素材，并根据素材的大小创建一个合成。调用 Lumetri Color 中某个 LUT 预设，对画面进行快速调色。使用 Lumetri Color 中的曲线调整画面的亮度、对比度和饱和度，改善画面对比度和亮度低的问题。操作步骤如下。

1. 导入素材

双击项目窗口的空白处，打开"导入文件"对话框，找到本案例配套的素材"第八章\课堂案例\Lumetri Color 调色\素材"文件夹，双击打开，将"草原上的马 .jpg"导入项目窗口中。

2. 新建合成

在项目窗口，拖动"草原上的马 .jpg"到"新建合成"按钮上，创建一个跟素材的尺寸完全相同的合成，将其命名为"Lumetri Color 调色"。

3. 使用 LUT 预设对画面进行色彩校正

（1）添加 Lumetri Color 滤镜。选中图层"草原上的马 .jpg"，执行菜单命令"效果 > 颜色校正 >Lumetri Color"为画面添加 Lumetri Color 滤镜。

（2）首先分析一下这个画面，它的对比度和饱和度都比较低，白平衡没问题，所以对这个画面的色彩校正，主要是进行调色而非校色，主要调整画面的亮度、对比度和饱和度。

（3）调用自带的 LUT 预设。展开创意项，在 Look 的下拉列表选择一个内置的 LUT 预设，合成窗口显示，这是一个偏冷的色调。调用了 LUT 预设后，可以继续对这个预设效果进行进一步的调整。设置强度为 57.0，降低该 LUT 预设的强度。展开调整项，设置锐化值为 22.0，饱和度为 201.0，增强画面的清晰度和饱和度。具体参数设置和效果，如图 8-3-13 所示。

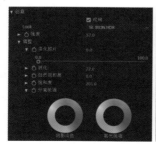

图 8-3-13　创意的参数设置和效果

（4）调用外置 LUT 预设。也可以在 Look 的下拉列表选择"浏览"，在弹出的对话框里，选择从其他途径下载的 LUT 预设进行调用，如图 8-3-14 所示。

图 8-3-14　调用 After Effects 外置的 LUT 预设和效果

（5）如果不使用 LUT 预设进行画面的快速调色，则可以展开曲线，使用 RGB 曲线和色相饱和度曲线对画面进行调色。

（6）使用 RGB 曲线调色。展开 RGB 曲线，通过调整白色曲线来增强画面的对比度和亮度；调整绿色通道曲线，主要增强中间区，从而增强画面中草地的绿色色调；调整蓝色通道曲线，增强高亮区，从而增强画面中蓝天的色调，降低中间区，从而增强画面中草地的色调，使其偏嫩黄色。RGB 曲线的参数调整，如图 8-3-15 所示。

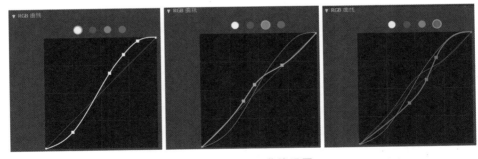

图 8-3-15　RGB 曲线设置

（7）调整对比度和饱和度。展开色相饱和度曲线，为了增强画面的对比度和饱和度，让草地更绿、蓝天更蓝，使用鼠标为曲线添加控制点，将绿色和蓝色部分的曲线向色轮的外侧移动，从而增强蓝色和绿色的饱和度，色相饱和度曲线的设置，如图 8-3-16 所示。

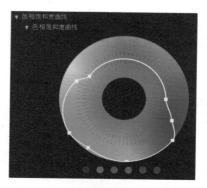

图 8-3-16　色相饱和度曲线的设置

（8）至此，Lumetri Color 调色制作完毕，按下空格键播放预览，案例的最终效果，如图 8-3-17 所示。

图 8-3-17　画面调色的最终效果

四、奇妙的变色毛衣

🖱 本例知识点

更改为颜色滤镜的应用。

更改颜色滤镜的应用。

🖱 实践内容

导入四个素材，并根据素材的大小创建一个合成。将第一个素材在合适的时间分切成两部分，给后半部分的素材添加更改颜色滤镜，将毛衣从紫色变为蓝色。把第二个素材在合适的时间分切成两部分，将第一个素材的更改颜色滤镜复制给前半部分的素材，给后半部分素材添加更改为颜色滤镜，使毛衣从紫色变为粉色。用同样的步骤处理剩下的两个素材，最后给这四个视频添加背景音乐。操作步骤如下。

1. 导入素材

双击项目窗口的空白处，打开"导入文件"对话框，找到本案例配套的"第八章 \ 课堂案例 \ 奇妙的变色毛衣 \ 素材"文件夹，双击打开，将所有素材导入项目窗口中。

2. 新建合成

新建一个合成，尺寸为 1280×720，帧速率为 25 帧 / 秒，持续时间为 22 秒，并命名为"奇妙的变色毛衣"，合成设置的参数窗口，如图 8-3-18 所示。

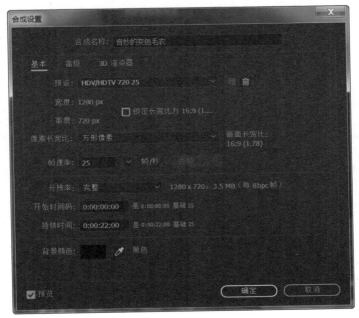

图 8-3-18　奇妙的变色毛衣合成设置

3. 制作毛衣变色的特效镜头

（1）制作紫色毛衣变色。将素材"书本 .mp4"拖放到合成中。选中"书本 .mp4"层，将时间指针放置到 3 秒 15 帧处，按下快捷键 Ctrl+Shift+D，将图层分切为两个图层，将上方的图层重命名为"书本变色 .mp4"。为图层"书本变色 .mp4"执行菜单命令"效果 > 颜色校正 > 更改颜色"，为图层添加该滤镜。用吸管在人物的紫色毛衣上吸取，然后将视图改为"颜色校正蒙版"，根据蒙版的画面效果，更改匹配容差的数值，直到蒙版中白色部分只剩人物穿的毛衣，然后设置色相变换的值为 640.0，使人物的毛衣变成跟书本一样的蓝色。

更改颜色的参数设置，如图 8-3-19 所示。毛衣的变色效果，如图 8-3-20 所示。

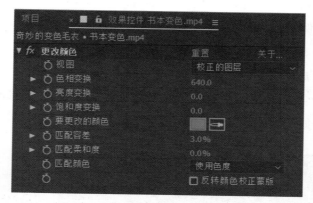

图 8-3-19　更改颜色的参数设置

图 8-3-20　紫色毛衣变为蓝色毛衣

（2）分切图层。将素材"小象 .mp4"拖放到合成中，并放置在"书本变色 .mp4"画面内容结束之后。选中"小象 .mp4"层，将时间指针放置到 7 秒 16 帧处，按下快捷键 Ctrl+Shift+D，将图层分切为两个图层，将上方的图层重命名为"小象变色 .mp4"。

（3）制作毛衣变蓝效果。选中图层"书本变色 .mp4"，打开其效果控件窗口，选中并复制滤镜"更改颜色"，然后选中图层"小象 .mp4"，打开其效果控件窗口，将滤镜"更改颜色"复制到效果控件窗口，然后"小象 .mp4"中的人物毛衣变为蓝色。

（4）制作毛衣变粉效果。为图层"小象变色 .mp4"执行菜单命令"效果＞颜色校正＞更改为颜色"，为图层添加该滤镜。用"自"右侧吸管在人物的紫色毛衣上吸取，然后勾选"查看校正遮罩"，根据遮罩的画面效果，更改色相、亮度和饱和度容差的数值，直到蒙版中白色部分只剩人物穿的毛衣，然后点击"至"右侧的拾色器，设置粉色色相，使人物的毛衣变成跟小象一样的粉色。更改为颜色的参数设置，如图 8-3-21 所示。毛衣的变色效果，如图 8-3-22 所示。

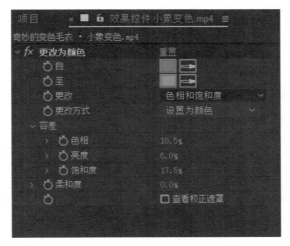

图 8-3-21　小象变色层的更改为颜色参数设置

图 8-3-22　蓝色毛衣变为粉色毛衣

（5）切割图层。把素材"绿叶.mp4"拖放到合成中，按下快捷键 Ctrl+Shift+D，把该图层分切成两个图层，将上方的图层命名为"绿叶变色.mp4"。

（6）执行"步骤 4"同样的操作，为"绿叶.mp4"层复制粘贴"更改为颜色"滤镜，可以根据画面的实际效果，适当更改滤镜的具体参数。

（7）执行"步骤 4"同样的操作，为"绿叶变色.mp4"层复制粘贴"更改为颜色"滤镜，可以根据画面的实际效果，适当更改滤镜的具体参数，使画面中的紫色毛衣变为绿色毛衣。

（8）把素材"番茄.mp4"拖放到合成中，重复"步骤 5""步骤 6""步骤 7"的操作来处理这个图层，最终使画面中的毛衣实现变色。

4. 最终合成

（1）音频合成。把素材"音乐.mp3"拖放到合成中，为这组画面配上音乐。

（2）至此，变色毛衣制作完毕，按下空格键播放预览，案例的最终效果，如图 8-3-23 所示。

图 8-3-23　毛衣变色的最终效果

注意： 本案例有部分镜头的变色效果不够完美，这是因为前期拍摄时，人物身上穿的毛衣有镂空设计，以及衣服打光不足，导致袖子褶皱处的颜色更改不甚完美。所以该案例要求在前期拍摄时，对人物的衣服进行精准的设计。

🖱 **本章小结**

本章主要学习了调色的原理和方法。重点学习了常用的几个调色滤镜，以及调色的技巧。通过四个实例练习，加强对知识的理解，在实际调色时，往往先对画面进行一级调色的处理，再根据个性化的需要对画面进行二级调色，达到理想的调色效果。

思考与练习

1. 画面局部色彩调色的方法有哪些?

2. 如何用图层的混合模式进行画面调色?

3. 利用调色滤镜制作影像四季交替的画面效果。

第九章
内置滤镜的应用

本章学习目标

- 了解滤镜的类型与效果
- 掌握滤镜的应用方法
- 掌握常用滤镜特效的使用
- 运用滤镜特效进行影像的效果设计

本章导入

  在影视后期制作中，常常需要根据影片内容对画面进行特效处理，使影像产生动态的扭曲、模糊、风吹、变色等画面效果，以得到想要的视觉效果。滤镜特效不仅能够对影片进行丰富的艺术加工，还可以提高影片的画面质量和效果，本章主要对 After Effects 常用的内置滤镜的参数设置和使用方法进行讲解。

第一节 常用内置滤镜

After Effects 软件本身自带了许多内置滤镜特效，包括模糊和锐化、颜色校正、扭曲、抠像、遮罩、模拟、风格化、文本、音频等。下面对常用内置滤镜的功能，以及使用方法进行介绍。

一、风格化滤镜

风格化滤镜通过对图像中的像素及色彩进行替换和修改等处理，可以模拟各种画风，创作出不同的画面质感和视觉效果，常用的此类滤镜主要有以下几种。

（一）画笔描边

画笔描边可将粗糙的绘画外观应用到图像上。通过调整画笔大小、描边长度、描边浓度、描边随机性、绘画表面、与原始图像混合等参数，调整画笔描边的效果。此效果会改变 Alpha 通道及颜色通道；如果对一部分图像使用蒙版，画笔描边会描到蒙版边缘上。画笔描边滤镜的参数设置和效果，如图 9-1-1 和图 9-1-2 所示。

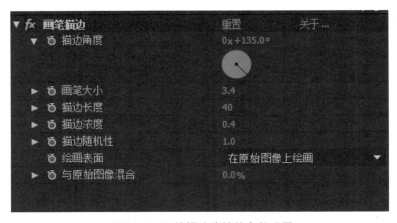

图 9-1-1　画笔描边滤镜的参数设置

图 9-1-2　画笔描边滤镜应用前后对比

（二）查找边缘

查找边缘滤镜可强化颜色变化区域的过渡像素，并可强化边缘。边缘可在白色背景上显示为深色线条，也可在黑色背景上显示为彩色线条。在应用查找边缘滤镜时，图像通常看似原始图像的草图。查找边缘滤镜的参数设置和效果，如图 9-1-3 和图 9-1-4 所示。

图 9-1-3　查找边缘滤镜的参数设置

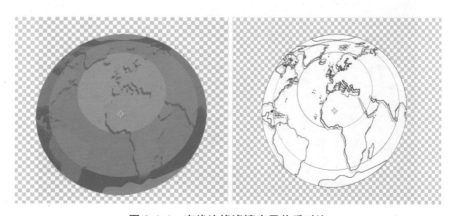

图 9-1-4　查找边缘滤镜应用前后对比

（三）发光

发光滤镜可找到图像的较亮部分，然后使该部分像素和周围的像素变亮，以创建漫射的发光光环。发光滤镜也可以模拟明亮的光照对象的过度曝光效果。通过参数设置，可以使发光基于图像的原始颜色，或基于其 Alpha 通道。基于 Alpha 通道的发光仅在不透明和透明区域之间的图像边缘产生漫射亮度。还可以使用发光滤镜创建两种颜色（A 和 B 颜色）之间的渐变发光，以及创建循环的多色滤镜。发光滤镜的参数设置和效果，如图 9-1-5 和图 9-1-6 所示。

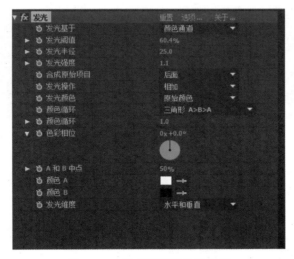

图 9-1-5　发光滤镜的参数设置

图 9-1-6　发光滤镜应用前后对比

（四）浮雕

浮雕滤镜可锐化图像的边缘，并抑制颜色。此滤镜还会根据指定角度对边缘使用高光。通过控制"起伏"设置，图层的品质设置会影响浮雕滤镜。在"最佳"品质中，"起伏"是在子像素级计算的；在"草图"品质中，是在像素级完成计算的。浮雕滤镜的参数设置和效果，如图 9-1-7 和图 9-1-8 所示。

图 9-1-7　浮雕滤镜的参数设置

图 9-1-8　浮雕滤镜应用前后对比

（五）马赛克

马赛克滤镜可使用纯色矩形填充图层，以使原始图像像素化。此滤镜可用于模拟低分辨率显示，以及遮蔽面部。使用"最佳"品质时，会对矩形的边缘使用消除锯齿功能。马赛克滤镜的参数设置和效果，如图 9-1-9 和图 9-1-10所示。

图 9-1-9　马赛克滤镜的参数设置

图 9-1-10　马赛克滤镜应用前后对比

（六）卡通

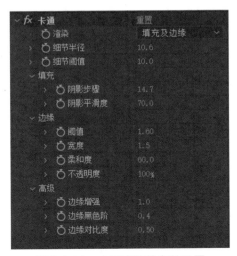

图 9-1-11　卡通滤镜的参数设置

卡通滤镜可简化和平滑图像中的阴影与颜色，并可将描边添加到轮廓之间的边缘上。使用该滤镜可以形成与草图或卡通相似的图像，或者使图像更精细。在"渲染"参数中，可以通过切换边缘、填充及边缘参数，实现不同的画面效果。出于风格目的，使用卡通滤镜来简化或抽象化图像，使人注意细节区域，或隐藏原始素材的劣质。卡通滤镜的参数设置和效果，如图 9-1-11 和图 9-1-12 所示。

281

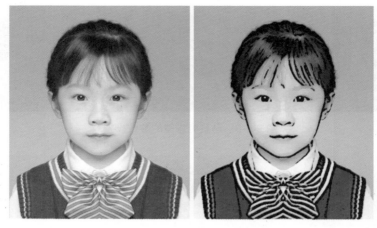

图 9-1-12　卡通滤镜应用前后对比

（七）其他特殊样式

CC 版本以后，After Effects 又增加了其他特殊的风格化样式，包括 CC Burn Film、CC Glass、CC Plastic、CC Mr. Smoothie、CC Kaleida 等。如图 9-1-13 中的 CC Kaleida 滤镜，可以设置万花筒特殊样式效果。

图 9-1-13　CC Kaleida 滤镜应用前后对比

二、扭曲类滤镜

扭曲类滤镜主要用于对图像进行拉长、扭曲、挤压等操作，或者让图像产生几何学变形，创造出各种变形效果。常用的此类滤镜主要有以下几种。

（一）边角定位

边角定位滤镜可通过改变图像边界轮廓来实现变形的效果。边角定位滤镜的参数设置和效果，如图 9-1-14 和图 9-1-15 所示。

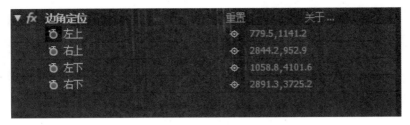

图 9-1-14　边角定位滤镜的参数设置

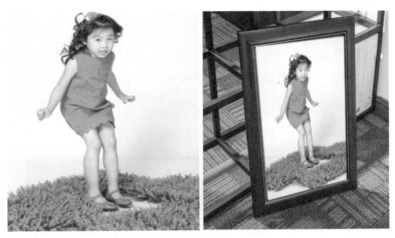

图 9-1-15　边角定位滤镜应用前后对比

（二）凸出

凸出滤镜以效果点为基础，对指定的效果点周围进行缩放处理，使图像产生凹凸效果，可以利用该滤镜制作放大镜效果。凸出滤镜的参数设置和效果，如图 9-1-16 和图 9-1-17 所示。

图 9-1-16　凸出滤镜的参数设置

283

图 9-1-17　凸出滤镜应用前后对比

（三）液化

　　液化滤镜可使图像产生液态变形的效果，具有弯曲、旋转、收缩和膨胀等多项液化方式。通过灵活地使用这些液化方式及液化滤镜参数，可以随意控制图像扭曲的艺术效果。液化滤镜的参数设置和效果，如图 9-1-18 和图 9-1-19 所示。

图 9-1-18　液化滤镜的参数设置

图 9-1-19　液化滤镜应用前后对比

（四）镜像

镜像滤镜可沿着一条线分割图像，并且将一侧图像反射到另一侧，常用于制作镜面反射的效果。镜像滤镜的参数设置和效果，如图 9-1-20 和图 9-1-21 所示。

图 9-1-20　镜像滤镜的参数设置

图 9-1-21　镜像滤镜应用前后对比

（五）置换图

置换图滤镜以指定的层作为置换图，这种由置换图产生变形的效果可能变化非常大，其变化完全依赖于位移图及选项的设置，可以指定合成文件中任何层作为置换图。置换图滤镜的参数设置和效果，如图 9-1-22 和图 9-1-23 所示。

fx 置换图	重置	
置换图层	2.置换 ∨	源 ∨
♡ 用于水平置换	红色 ∨	
> ♡ 最大水平置换	50.0	
♡ 用于垂直置换	绿色 ∨	
> ♡ 最大垂直置换	120.0	
♡ 置换图特性	中心图 ∨	
♡ 边缘特性	☐ 像素回绕	
♡	☑ 扩展输出	

图 9-1-22　置换图滤镜的参数设置

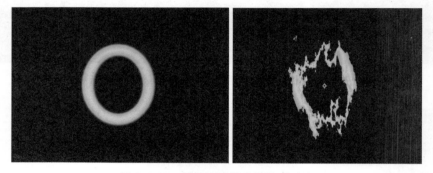

图 9-1-23　置换图滤镜应用前后对比

三、生成类滤镜

生成类滤镜提供了一些自然界中的模拟效果，如闪电、云层、噪波等，可以在图层上创建一些特殊的效果，在图层上生成新的图像元素。其中大部分滤镜在层质量不同的情况下，效果也有所不同。常用的此类滤镜主要有以下几种。

（一）镜头光晕

镜头光晕滤镜可模拟摄影机的镜头光晕制作出光斑照射的效果。其中，"光晕中心"可以控制光晕的中心位置；"光晕亮度"可以控制光晕的明亮程度；"镜头类型"可以设置摄影机镜头的类型；"与原始图像混合"可以控制光晕效果与原始图像之间的混合程度。镜头光晕滤镜的参数设置和效果，如图 9-1-24 和图 9-1-25 所示。

图 9-1-24　镜头光晕滤镜的参数设置

图 9-1-25　镜头光晕滤镜应用前后对比

（二）四色渐变

四色渐变滤镜可在图层上指定 4 种颜色，并且利用不同的混合模式创建出多种风格的渐变效果。四色渐变滤镜的参数设置和效果，如图 9-1-26 和图 9-1-27 所示。

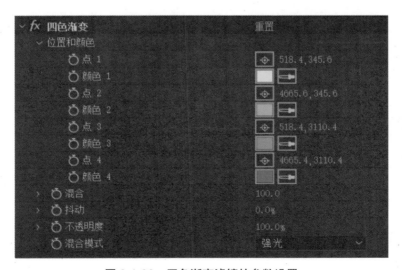

图 9-1-26　四色渐变滤镜的参数设置

图 9-1-27　四色渐变滤镜应用前后对比

（三）音频频谱

音频频谱滤镜是一个制作视觉效果的滤镜，可以将指定的声音素材以其声谱形式图像化。图像化的音效声谱可以沿着图层的路径显示或与其他层叠加显示。音频频谱滤镜的参数设置和效果，如图 9-1-28 和图 9-1-29 所示。

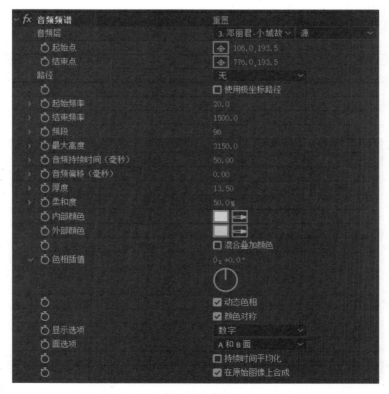

图 9-1-28　音频频谱滤镜的参数设置

图 9-1-29　音频频谱滤镜应用前后对比

（四）勾画

勾画滤镜可沿着图像的轮廓或者指定的路径创建艺术化的勾画效果。效果控件窗口可以设置描边方式；"片段"在选项菜单中可以对勾画的片段的数量、长度、分布状态及旋转角度等多项参数进行设置；"正在渲染"可以控制勾画渲染的选项菜单。勾画滤镜的参数设置和效果，如图 9-1-30 和图 9-1-31 所示。

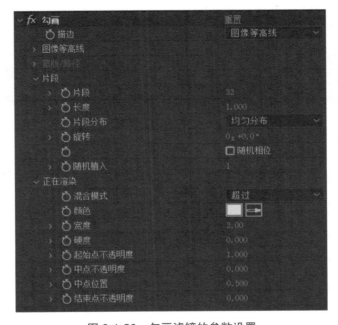

图 9-1-30　勾画滤镜的参数设置

图 9-1-31　勾画滤镜应用前后对比

（五）CC Light Burst 2.5

CC Light Burst 2.5 滤镜可使图像产生光线爆裂的效果，类似镜头冲击视觉的感觉。通过设置光线中心、光线强度、光线长度等参数，来创建不同的光线效果。CC Light Burst 2.5 滤镜的效果，如图 9-1-32 所示。

图 9-1-32　CC Light Burst 2.5 滤镜应用前后对比

四、杂色与颗粒滤镜

我们拍摄的画面或多或少都会有噪波或颗粒存在，在对画质要求较高的情况下，或对影片画面进行修复时，通常需要对画面进行去除颗粒、划痕等处理。当对物体或画面做旧处理时，需要对画面进行添加噪波和颗粒的处理。另外噪波还用于辅助制作一些其他滤镜。常用的此类滤镜主要有以下几种。

（一）分形杂色

分形杂色是制作特效的常用滤镜，用于在图层上生成不同形态的纹理，并赋予纹理动态效果，可以模拟真实的烟尘、云雾、水波等自然效果。与其他滤镜配合，作用更为广泛。参数设置，如图 9-1-33 所示。默认状态下，在任何图层上添加分形杂色滤镜，都会变为分形噪波的画面效果，如图 9-1-34 所示。

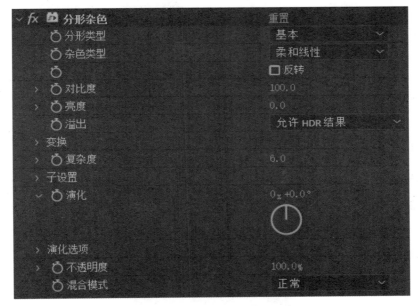

图 9-1-33　分形杂色滤镜的参数设置

图 9-1-34　分形杂色滤镜应用前后对比

291

（二）中间值

中间值滤镜可设置半径范围内的像素值融合在一起，形成新的像素值来代替原始像素。通过设置半径值，可以消除画面上细小的噪波，但画面的细节也会有损失，注意慎用。中间值滤镜的效果，如图 9-1-35 所示。

图 9-1-35　中间值滤镜应用前后对比

（三）移除颗粒

移除颗粒是一个用来去除画面颗粒的滤镜，通过杂色深度减低设置、微调、临时过滤、钝化蒙版、采样的参数去除画面上的颗粒，也可以利用该滤镜去除人物面部的斑点和皱纹，达到人物面部磨皮的效果。移除颗粒滤镜的参数设置和效果，如图 9-1-36 和图 9-1-37 所示。

图 9-1-36　移除颗粒滤镜的参数设置

图 9-1-37　移除颗粒滤镜应用前后对比

该类别的其他滤镜还有添加颗粒、杂色、蒙尘与划痕等，用于给图层清除擦痕或者添加颗粒噪波点。

五、透视类滤镜

在 After Effects 中可以通过摄像机获得三维合成的透视图，利用透视类滤镜获得三维合成的透视效果。根据透视对象效果的不同，透视类滤镜主要包括以下几种。

（一）基本 3D

基本 3D 滤镜可建立一个虚拟的三维空间，在此三维空间内对对象进行旋转、倾斜等操作。其中，"镜面高光"参数用于添加反射光源在旋转层表面，"预览"用于预览三维图像的线框轮廓。基本 3D 滤镜的参数设置和效果，如图 9-1-38 和图 9-1-39 所示。

图 9-1-38　基本 3D 滤镜的参数设置

293

图 9-1-39　基本 3D 滤镜应用前后对比

（二）斜面 Alpha

斜面 Alpha 滤镜用于产生边缘的斜面，从而产生立体透视的效果。通过调整边缘厚度、光照角度、颜色、强度等参数，可以适当调整斜面 Alpha 效果，如图 9-1-40 所示。

图 9-1-40　斜面 Alpha 滤镜应用前后对比

（三）径向阴影

径向阴影滤镜用于产生阴影透视的效果。通过调整阴影的颜色、不透明度、投影距离、柔和度等参数，可以适当调整径向阴影的效果，如图 9-1-41 所示。

图 9-1-41　径向阴影滤镜应用前后对比

该类别的其他滤镜还有边缘斜面、CC Sphere、CC Spotlight 、3D 摄像机跟踪等，用于让图层产生光、阴影或者其他透视立体效果。

六、模糊与锐化滤镜

　　模糊滤镜可以用来软化物体边缘轮廓，弱化其中的细节。After Effects 提供了多种模糊工具，可以产生不同的模糊效果。例如，利用方向性模糊，可以强化运动物体的动感；利用放射性模糊，可以产生向外扩张的张力效果；利用智能模糊，可以针对指定阈值以内的区域进行模糊。

　　锐化滤镜可使画面中物体边缘轮廓更清晰、更突出。它与模糊滤镜的效果相反，使用锐化滤镜时，有时会加重画面的糟粕，应注意好锐化的调整。图 9-1-42—图 9-1-45 显示了几种不同的模糊与锐化滤镜效果。

图 9-1-42　高斯模糊滤镜应用前后对比

图 9-1-43　径向模糊滤镜应用前后对比

图 9-1-44　智能模糊滤镜应用前后对比

图 9-1-45　锐化滤镜应用前后对比

该类别的其他滤镜还有通道模糊、摄像机镜头模糊、复合模糊、定向模糊、CC Radial Blur、CC Vector Blur 等，用于给图层产生各种模糊效果。

七、模拟滤镜

模拟滤镜可模拟一些自然现象，与其他滤镜相比，模拟类滤镜要复杂些，可以不同程度地模拟物理模型、物理现象，如粒子发射、重力模型、空气模型及相互作用等。根据模拟对象的特点，模拟滤镜主要包括以下几种。

（一）粒子系统

模拟滤镜中模拟的大多是粒子系统，包括碎片、粒子运动场、CC Particle World、CC Ball Action、CC Drizzle、CC Pixel Polly、CC Rainfall、CC Snowfall 等。粒子系统主要通过调整发射器、粒子、物理场力、辅助系统、灯光、摄像机等属性组的属性，产生粒子效果。图 9-1-46—图 9-1-49 显示了几种不同的粒子效果。

图 9-1-46　碎片滤镜的应用效果　　　　图 9-1-47　CC Drizzle 滤镜的应用效果

图 9-1-48　CC ParticleWorld 滤镜的应用效果　图 9-1-49　CC Snowfall 滤镜的应用效果

（二）焦散

焦散滤镜用于模拟水面折射、反射后的焦散效果，在该滤镜中我们可以定制水底、水面、天空，还可以设置灯光、材质等属性，以调整模拟的水面焦散效果，如图 9-1-50 所示。

图 9-1-50　焦散滤镜的应用效果

（三）水波环境

水波环境滤镜可模拟产生水波高度映射图效果，通过调整波形生成器、物理仿真、地面等属性组的属性，在水面网格上产生水波一样的波动效果，再将其转换成水波的高度映射图，如图 9-1-51 和图 9-1-52 所示。

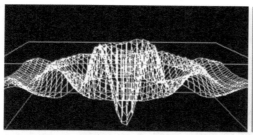

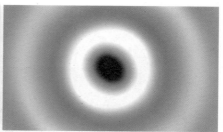

图 9-1-51　水波环境滤镜线框预览　　　图 9-1-52　水波环境高度底图滤镜

八、过渡类滤镜

过渡类滤镜是通过某种特殊手段，在图层之间建立过渡效果，从而实现镜头的过渡转换。After Effects 中提供的过渡类滤镜主要是擦除类转场和块溶解转场，图 9-1-53—图 9-1-56 显示了几种不同的过渡效果。

图 9-1-53　块溶解滤镜的应用效果　　　图 9-1-54　光圈擦除滤镜的应用效果

图 9-1-55　线性擦除滤镜的应用效果　　　图 9-1-56　CC Image Wipe 滤镜的应用效果

九、3D 通道滤镜

通过 3D 通道滤镜可将 3D 场景和 2D 场景进行结合。在 After Effects 里，可以导入 3D 文件，包括 3DS MAX 的 RLA、RPF 格式文件，MAYA 的 IFF 格式文件，Softimage PIC/ZPIC、EI/EIA 等格式文件。3D 通道特效只适用于包含三维通道的图像，对其他类型的文件不起作用。

　　3D 通道特效可以读取并操作图像中包含的通道信息，包括 Z-Depth（Z 深度）、Surface Normals（表面法线）、Object ID（物体 ID）、Texture Coordinates（纹理坐标）、Background Color（背景颜色）、Unclamped RGB（非钳制 RGB）和 Material ID（材质 ID）。利用 3D 通道特效可以沿着 Z 轴放置三维元素，向三维场景里插入别的元素，模糊三维场景，提取出三维元素，甚至利用深度制作雾效，或者提取出 3D 通道信息以供其他特效使用。图 9-1-57 和图 9-1-58 显示了几种不同的 3D 通道滤镜的效果。

图 9-1-57　场深度滤镜的应用效果

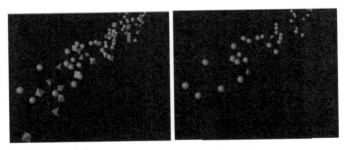

图 9-1-58　ID 遮罩滤镜应用前后对比

十、时间滤镜

　　时间滤镜用于控制层素材的时间特性，并以层的源素材作为时间基准。使用该滤镜时会忽略层上使用的其他滤镜，如果需要对应用过其他滤镜的层使用时间滤镜，要先对这些层进行重组。重影滤镜的应用效果，如图 9-1-59 所示。

图 9-1-59　重影滤镜的应用效果

第二节　滤镜的基础操作

在 After Effects 中，可以为时间线窗口中任何一个图层添加任意滤镜特效。所有的滤镜特效都分门别类地存放在"效果"菜单栏中。

一、滤镜的添加

添加滤镜前，首先要确保素材已经放置到时间线窗口。滤镜的添加一般有以下几种方法。

一是选中需要添加滤镜的图层，单击"效果"菜单栏，选择相应的文件夹下的某一项滤镜，如图 9-2-1 和图 9-2-2 所示。

二是选择需要添加滤镜的图层，在图层上右击，在弹出的下拉列表中，选择"效果"命令，选择相应的文件夹下的某一项滤镜，如图 9-2-3 所示。

三是选择需要添加滤镜的图层，在"效果和预设"窗口，选择相应的文件夹下的某一项滤镜，双击滤镜名称，或者将选中的滤镜拖放至目标层，如图 9-2-4 所示。

图 9-2-1　在时间线窗口选中图层

图 9-2-2 "效果"菜单   图 9-2-3 通过右击图层打开"效果"菜单

图 9-2-4 在"效果和预设"窗口选择滤镜

提示：给同一个图层添加多个滤镜时，添加滤镜的顺序不一样，最终得到的画面效果也会不一样。

二、滤镜的参数调整

在添加了滤镜之后，如果得不到想要的画面效果，可以在效果控件窗口，继续对效果的参数进行设置，如图 9-2-5 所示。

与所有的数值调整方法一样，可以通过单击鼠标左键，左右拖动数值来改变参数，或者直接在数值上输入数字，即可改变当前参数的设置。如图 9-2-6 所示。

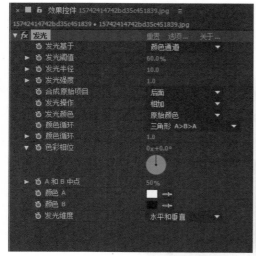

图 9-2-5　在效果控件窗口调整效果参数

图 9-2-6　调整滤镜参数值

技巧：调整参数时，把鼠标放置在参数下方，当鼠标变成小手加双箭头的形状时，即可左右拖动调整参数。

三、滤镜的删除

如果要删除滤镜，可以在效果控件窗口中，选择要删除的滤镜，按 Delete 键即可删除；或者单击滤镜前面的"效果开关"，关闭其效果开关，可以使当前滤镜暂时不显示效果，再次单击，可以打开"效果开关"，激活滤镜，如图 9-2-7 所示。

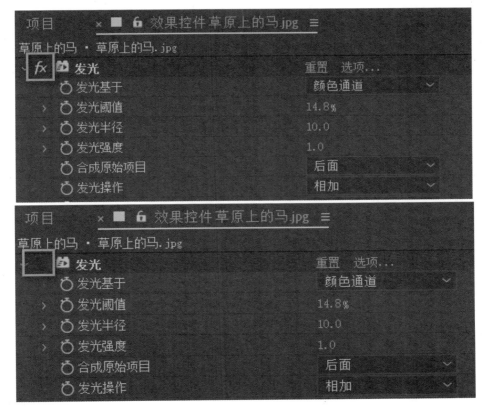

图 9-2-7　开启或者关闭效果开关

四、滤镜的复制与粘贴

当多个图层需要应用相同的滤镜时，如果对每个图层重复操作是非常麻烦的，所以 After Effects 提供了一种简单的方法，任何一个滤镜都可以通过使用"复制""粘贴"命令，应用到其他图层，具体操作方法如下。

第一步，在时间线窗口选择一个应用滤镜的图层，在效果控件窗口选择要进行复制的滤镜名称，执行菜单命令"编辑 > 复制"，如图 9-2-8 所示。

第二步，在时间线窗口选择另外一个想要应用该滤镜的图层，执行菜单命令"编辑 > 粘贴"，如图 9-2-9 所示。

编辑(E) 合成(C) 图层(L) 效果(T) 动画(A) 视图(V)	
撤消 启用图层开关	Ctrl+Z
重做 清除图层	Ctrl+Shift+Z
历史记录	>
剪切(T)	Ctrl+X
复制(C)	Ctrl+C
带属性链接复制	Ctrl+Alt+C
带相对属性链接复制	
仅复制表达式	
粘贴(P)	Ctrl+V
清除(E)	Delete
重复(D)	Ctrl+D
拆分图层	Ctrl+Shift+D
提升工作区域	
提取工作区域	
全选(A)	Ctrl+A
全部取消选择	Ctrl+Shift+A
标签(L)	>
清理	>
编辑原稿...	Ctrl+E
在 Adobe Audition 中编辑	
团队项目	>
模板(M)	>
首选项(F)	>
同步设置	>
键盘快捷键	Ctrl+Alt+'
Paste Mocha mask	

图 9-2-8　滤镜特效的"复制"命令

编辑(E) 合成(C) 图层(L) 效果(T) 动画(A) 视图(V)	
撤消 启用图层开关	Ctrl+Z
重做 清除图层	Ctrl+Shift+Z
历史记录	>
剪切(T)	Ctrl+X
复制(C)	Ctrl+C
带属性链接复制	Ctrl+Alt+C
带相对属性链接复制	
仅复制表达式	
粘贴(P)	Ctrl+V
清除(E)	Delete
重复(D)	Ctrl+D
拆分图层	Ctrl+Shift+D
提升工作区域	
提取工作区域	
全选(A)	Ctrl+A
全部取消选择	Ctrl+Shift+A
标签(L)	>
清理	>
编辑原稿...	Ctrl+E
在 Adobe Audition 中编辑	
团队项目	>
模板(M)	>
首选项(F)	>
同步设置	>
键盘快捷键	Ctrl+Alt+'
Paste Mocha mask	

图 9-2-9　滤镜特效的"粘贴"命令

五、滤镜动画的制作

所有应用的滤镜可以随着时间的变化实现动态的变化，这些动态变化的滤镜通过使用关键帧来指示变化的时间节点，使用关键帧可以使滤镜效果随时间而改变。很多滤镜参数都可以通过关键帧设置滤镜变化的过程。用关键帧做视频滤镜的动态变化，方法如下。

第一步，给图层应用滤镜后，在效果控件窗口可以调整各项参数。在滤镜参数前面一般都有一个秒表按钮，表明这个参数可以通过设置关键帧创建动画效果。单击当前参数的秒表按钮，创建第一个关键帧。

第二步，拖动时间指针到另一个时间的位置，更改当前参数的数值，即可自动记录下第二个关键帧，如图 9-2-10 所示。通过两个以上关键帧自动创建的运动来实现随着时间变化的滤镜效果。

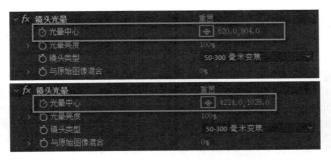

图 9-2-10　为滤镜参数设置关键帧动画

技巧：为参数制作关键帧动画时，同一个参数在不同的时间点设置不同的数值，即可创建该参数的动态变化效果。

第三节　课堂案例

本节通过四个案例来讲解常见内置滤镜特效的应用及效果设计。

一、空间立体变化效果

本例知识点

内置滤镜的添加及应用。

滤镜参数的关键帧动画设置。

摄像机运动。

实践内容

通过给图层添加过渡类滤镜，实现合成三维空间的视觉效果，模仿制作空间立体变化的效果。操作步骤如下。

1. 导入素材

找到本案例配套的素材文件夹"第九章 \ 课堂案例 \ 空间立体变化效果 \

素材"，导入素材"照片墙 .png""底图 .psd""片头音乐 01.mp3"。以素材"照片墙 .png"为依据，新建一个合成，命名为"图片组"，画幅尺寸设置为 890×520，持续时间为 5 秒。以素材"底图 .psd"尺寸大小为依据，新建合成，命名为"底图"，设置持续时间为 4 秒。

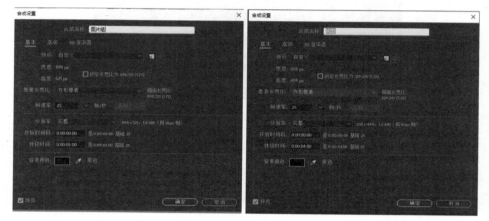

图 9-3-1　新建"图片组"和"底图"合成

2. 新建合成

新建一个合成，命名为"变化"，画幅尺寸设置为 890×520，持续时间为 8 秒。将合成文件"图片组"和"底图"，放置到时间线窗口，分别改变两个图层在时间线上的位置，使两个图层在时间线窗口前后组接，并在 4—5 秒之间有重叠，如图 9-3-2 所示。

图 9-3-2　调整两个图层入点和出点的位置

3. 制作块溶解效果

（1）执行菜单命令"效果 > 过渡 > 块溶解"，给图层"图片组"添加块溶解滤镜。在效果控件窗口调整"块溶解"的滤镜参数。将"块宽度"参数设置为 178.0，"块高度"参数设置为 105.0，取消参数下方"柔化边缘"的勾选，如图 9-3-4 所示。

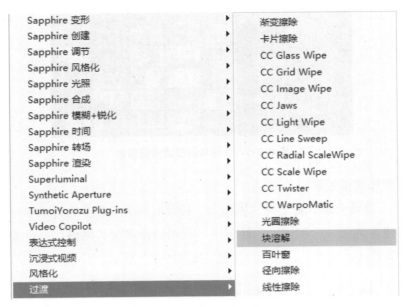

图 9-3-3　添加块溶解滤镜

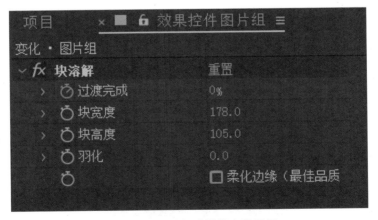

图 9-3-4　块溶解滤镜的参数设置

（2）设置"过渡完成"参数的关键帧动画。将时间指针放置在两个图层相接的入点 4 秒位置，单击"过渡完成"参数前面的秒表按钮，设置参数为 0；将时间指针放置在 5 秒位置，设置参数为 100。

（3）可以看到在 4—5 秒时间区间，画面从图片组过渡到底图。适当将图层"底图"的比例放大，以适合整个画面显示，如图 9-3-5 所示。

图 9-3-5　设置动画过渡完成效果

4. 制作网格效果

（1）新建合成，命名为"网格"，持续时间为 5 秒。执行菜单命令"图层 > 新建 > 纯色"，创建一个纯色层，将图层命名为"网格"，设置宽和高分别为（1780，1040），颜色为黑色，如图 9-3-7 所示。

图 9-3-6　新建纯色层

图 9-3-7　纯色层参数设置

（2）给"网格"层添加滤镜。执行菜单命令或者在图层上单击鼠标右键"效果 > 生成 > 网格"，为图层"网格"添加网格滤镜。在效果控件窗口调节网格滤镜参数。将"大小依据"设置为"宽度和高度滑块"，并设置宽高分别为（178，100），产生网格效果。改变锚点坐标，调整网格在窗口中显示的位置。网格滤镜的参数设置，如图9-3-8所示。

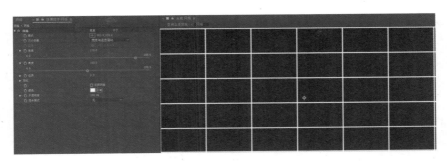

图9-3-8　网格滤镜的参数设置

（3）执行菜单命令"效果 > 风格化 > 发光"，继续为纯色层添加发光滤镜。在效果控件窗口设置参数，将发光颜色设置为蓝色，如图9-3-9所示。

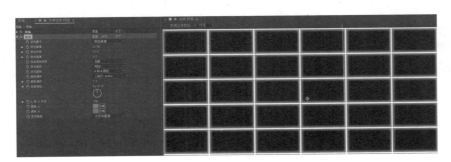

图9-3-9　发光滤镜的参数设置

5. 制作三维效果

（1）新建合成，命名为"空间立体变化"，画幅尺寸设置为890×520，持续时间为8秒。将合成文件"变化"和"网格"拖至时间线窗口，打开"网格"层三维开关，将其变为三维图层，如图9-3-10所示。执行菜单命令"图层 > 新建 > 摄像机"，创建一个摄影机层，参数可以使用默认设置，如图9-3-11所示。

图 9-3-10　将图层转为三维图层

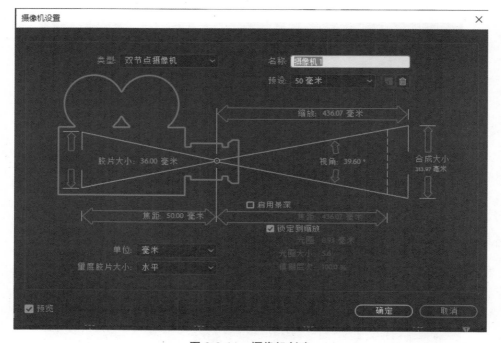

图 9-3-11　摄像机创建

（2）选择"变化"层，为其添加卡片擦除滤镜。调整其滤镜参数，过渡完成和过渡宽度均为100%，"行数和列数"为列数受行数控制，将行数设为5，随机植入值为16，"翻转顺序"为渐变，"渐变图层"为无，设置"摄像机系统"为合成摄像机。单击"Z抖动量"参数前面的秒表按钮，记录0—4秒的效果动画，分别为20和0。卡片擦除滤镜的参数设置，如图9-3-12所示。

（3）选择摄像机层，打开图层下的变换属性，单击摄像机层位置参数前面的秒表按钮，设置从0—3秒关键帧动画，在0秒处设置位置参数为（1283，223，-908），3秒处设置位置参数为（434，260，-1236），如图9-3-13所示。

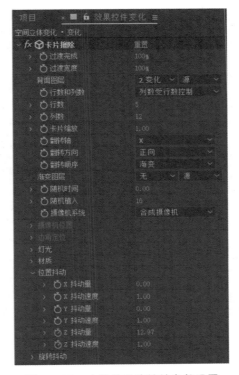

图 9-3-12　卡片擦除滤镜的参数设置

图 9-3-13　给摄像机层设置关键帧动画

6. 音频合成

（1）将音乐素材"片头音乐 01.mp3"拖至时间线窗口，与其他图层进行合成。

（2）至此，空间立体变化制作完毕，按下空格键播放预览，案例的最终效果，如图 9-3-14 所示。

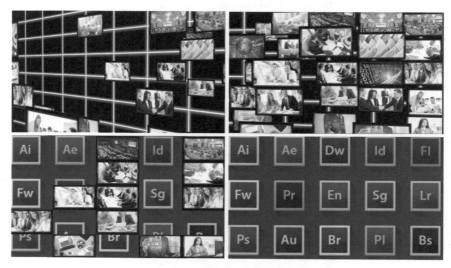

图 9-3-14　最终效果

二、烟飘文字

🖱 **本例知识点**

　分形杂色、曲线、置换图、复合模糊等滤镜的应用。

　滤镜动画的制作。

　蒙版动画的制作。

🖱 **实践内容**

　创建文字层，通过给文字层添加复合模糊和置换图等滤镜，制作烟飘文字的效果。操作步骤如下。

1. 新建合成

　按下快捷键 Ctrl+N，新建一个合成，命名为"噪波"，画幅尺寸设置为1920×1080，持续时间为 3 秒。

2. 创建噪波

　（1）新建纯色层。执行菜单命令"图层 > 新建 > 纯色"，或者按下快捷键 Ctrl+Y，新建一个纯色层。将图层命名为"噪波"，颜色为黑色。

（2）添加分形杂色滤镜。在纯色层上单击鼠标右键，执行菜单命令"效果 > 杂色和颗粒 > 分形杂色"，为图层"噪波"添加分形杂色滤镜。更改分形杂色参数，将"对比度"设为 250.0，将"统一缩放"选项取消勾选，"缩放宽度"为 350.0，"缩放高度"为 400.0，"子影响"参数为 50.0，"子缩放"参数为 70.0。移动时间指针至 0 秒位置，单击"偏移"和"演变"参数前面的秒表按钮，设置其从 0—3 秒关键帧动画，0 秒位置，设置"偏移"值为（-54，520），"演化"值为 2；3 秒位置，设置"偏移"值为（1906，520），"演化"值为 0。分形杂色滤镜的参数设置，如图 9-3-15 所示。

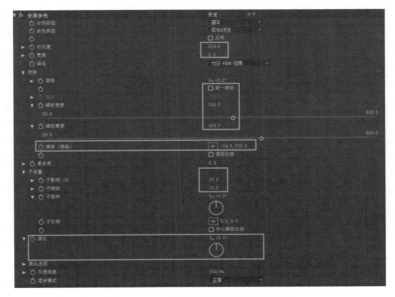

图 9-3-15　分形杂色滤镜的参数设置

（3）添加色阶滤镜。在纯色层上单击鼠标右键，执行菜单命令"效果 > 色彩校正 > 色阶"，为图层添加色阶滤镜。设置色阶的参数，将"通道"调整为"红色"，如图 9-3-16 所示。

（4）创建背景层。再新建一个纯色层，名称为"背景"，颜色为灰色。调整两个纯色层上下位置关系，将"背景"层置于最下层。在保持"噪波"层为选中状态下，点击蒙版工具，为其绘制蒙版，蒙版形状，如图 9-3-17 所示。

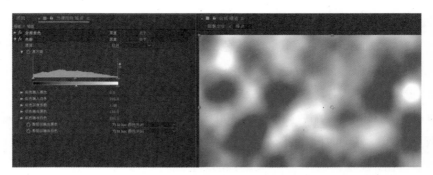

图 9-3-16　色阶滤镜的参数设置

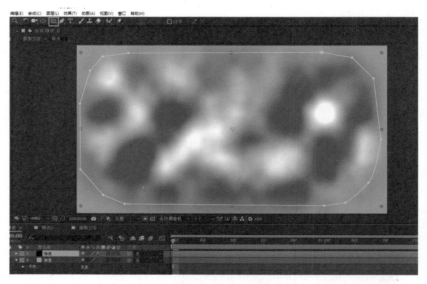

图 9-3-17　为图层绘制蒙版

（5）制作蒙版动画。点击蒙版下拉选项，更改羽化值为（260.0，260.0），单击"蒙版路径"参数前面的秒表按钮，设置从 0—3 秒关键帧动画，0 秒蒙版位置，如图 9-3-18 所示。移动时间指针至 3 秒位置，把蒙版顶点移动到画面外，如图 9-3-19 所示。

（6）新建合成。按下快捷键 Ctrl+N，新建一个合成，命名为"噪波 2"，画幅尺寸设置为 1920×1080，持续时间为 3 秒。回到"噪波"合成，选中"噪波"层，按下快捷键 Ctrl+C 复制，再回到"噪波 2"合成中，Ctrl+V 粘贴图层。继续给该图层添加滤镜。执行菜单命令"效果 > 色彩校正 > 曲线"，参数调整，如图 9-3-20 所示。

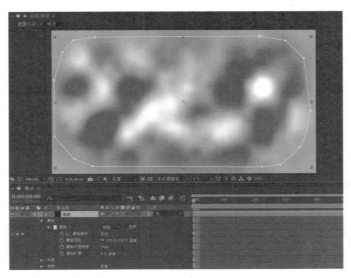

图 9-3-18　蒙版路径动画

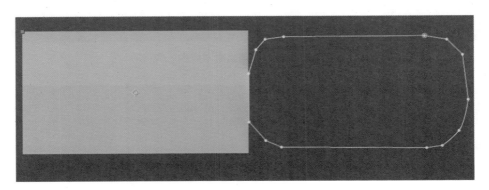

图 9-3-19　制作蒙版动画

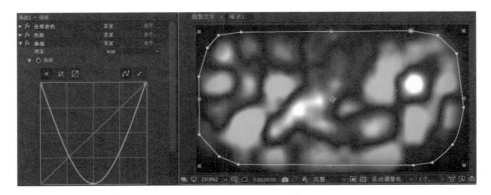

图 9-3-20　添加曲线滤镜

3. 最终合成

（1）按下快捷键 Ctrl+N，新建合成，命名为"烟飘文字"，画幅尺寸设置为 1920×1080，持续时间为 3 秒。使用文字工具，创建文字"烟飘文字"，在字符窗口设置字号、字体等参数，如图 9-3-21 所示。将合成"噪波"和"噪波 2"从项目窗口拖放到时间线窗口的"烟飘文字"合成中，并隐藏"噪波"和"噪波 2"，如图 9-3-22 所示。

图 9-3-21　创建文本内容

图 9-3-22　隐藏图层

（2）执行菜单命令"效果 > 模糊与锐化 > 复合模糊"，给文字层添加滤镜。更改其参数设置，将"模糊层"调整为"噪波 2"，最大模糊值为 85.0。

（3）执行菜单命令"效果 > 扭曲 > 置换图"，继续为文字层添加滤镜。更改其参数设置，将"映射图层"调整为"噪波"，如图 9-3-23 所示。

（4）执行菜单命令"效果 > 风格化 > 发光"，继续给文字层添加滤镜。更改其参数设置，将"发光颜色"设置为 A 和 B 颜色，并设置颜色 A 和颜色 B 的颜色，如图 9-3-24 所示。

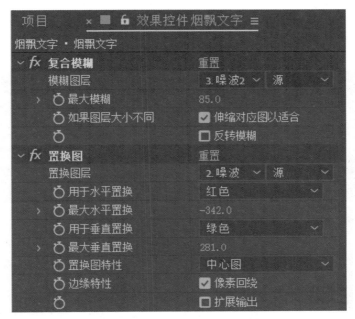

图 9-3-23　调整添加的滤镜参数

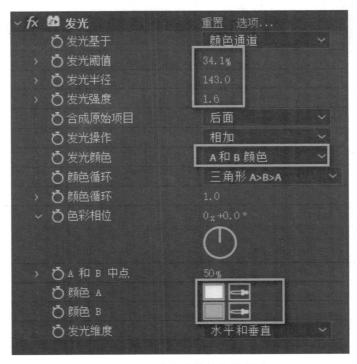

图 9-3-24　发光滤镜的参数设置

（5）至此，烟飘文字制作完毕，按下空格键播放预览，案例的最终效果，如图 9-3-25 所示。

图 9-3-25　最终效果

三、幕布拉开效果

本例知识点

分形杂色滤镜的应用。

变形滤镜的应用。

CC Bend It 滤镜的应用及动画效果的应用。

实践内容

通过给图层添加滤镜，制作舞台幕布逐渐拉开的效果。操作步骤如下。

1. 新建合成

按下快捷键 Ctrl+N，新建一个合成，命名为"幕布拉开"，画幅尺寸设置为 1920×1080，持续时间为 8 秒，如图 9-3-26 所示。双击项目窗口空白处，找到本案例配套的素材文件夹"第九章 \ 课堂案例 \ 幕布拉开效果 \ 素材"，导入素材"烟火 .mov""纹理 .jpg""文字 .png""音乐 02.mp3"至项目窗口。

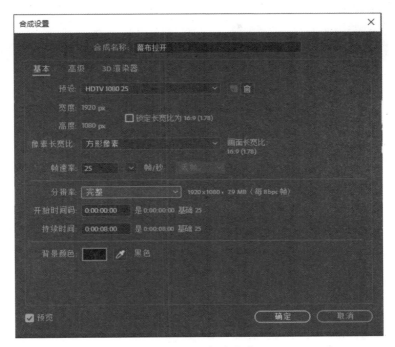

图 9-3-26　新建合成

2. 制作右侧幕布

（1）新建纯色层。执行菜单命令"图层 > 新建 > 纯色"，或者按下快捷键 Ctrl+Y，新建一个纯色层，将图层命名为"幕布右"，颜色为黑色。

（2）为"幕布右"层添加分形杂色滤镜。在"幕布右"层上单击鼠标右键，执行菜单命令"效果 > 杂色和颗粒 > 分形杂色"，为"幕布右"层添加分形杂色滤镜。更改分形杂色的参数，在"分形类型"中选择涡旋，勾选"反转"，修改对比度为 136.0，使黑白对比加强。将"溢出"设为剪切。调整变换属性栏，取消"统一缩放"的勾选，单独调整"缩放高度"参数为 2000.0，这时看到纯色层有了幕布的效果，如图 9-3-27 所示。单击"演变"参数前面的秒表按钮，设置其从 0—4 秒关键帧动画，0 秒位置，设置"演化"值为 0；4 秒位置，设置"演化"值为 1，实现幕布流动的效果。

图 9-3-27　分形杂色滤镜的参数设置

（3）继续为"幕布右"添加滤镜，实现颜色控制。在"幕布右"上单击鼠标右键，执行菜单命令"效果 > 颜色校正 > 三色调"，参数设置如图 9-3-28 所示，效果如图 9-3-29 所示。如果觉得颜色太亮或者太暗，可以将分形杂色中的"混合模式"设为"相加"或者其他，让颜色变暗或者变亮。

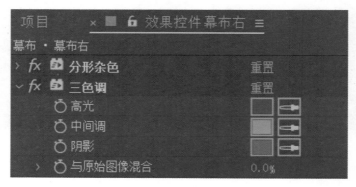

图 9-3-28　三色调滤镜的参数设置

图 9-3-29　颜色控制效果

（4）选中图层，按下快捷键 Ctrl+D，复制一层，将其命名为"幕帘"。执行菜单命令"效果 > 扭曲 > 变形"，为其添加滤镜，并设置"变形样式"为凸出，"变形轴"为水平，"弯曲"设为 100，其参数设置如图 9-3-30 所示。继续为其添加滤镜，执行菜单命令"效果 > 透视 > 投影"，设置参数使图层产生投影，并移动"幕布右"图层的位置至合成窗口的中央，效果如图 9-3-31 所示。

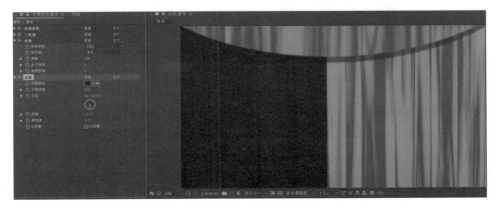

图 9-3-30　变形滤镜的参数设置

图 9-3-31　产生投影效果

（5）给"幕布右"图层制作幕布拉开的效果。制作其变换属性下的位置参数的关键帧动画。在 0 秒处，设置其位置参数为（1880.0，540.0）；4 秒设置其"位置"参数为（2653.0，540.0），如图 9-3-32 所示。

（6）执行菜单命令"效果 > 扭曲 >CC Bend It"为图层添加滤镜。单击"Bend"参数前面的秒表按钮，设置其从 0—4 秒的关键帧动画，0 秒位置，设置"Bend"值为 0.0；4 秒位置，设置"Bend"值为 –45.0，使幕布在向右发生位移时，产生弯曲的效果，如图 9-3-33 所示。

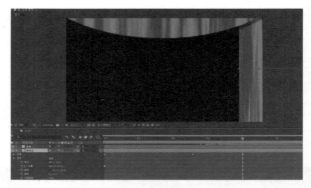

图 9-3-32　位置参数添加关键帧动画

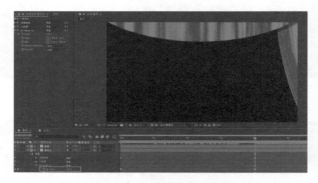

图 9-3-33　Bend 参数添加关键帧动画

3. 制作左侧幕布

选中图层"幕布右",按下快捷键 Ctrl+D,复制一层,将其命名为"幕布左"。调整位置,使两个图层分别作为幕布的两块,同时做不同方向的弯曲和位置参数的动画,效果如图 9-3-34 所示。

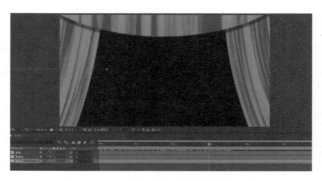

图 9-3-34　幕布左右两侧的动画效果

4.最终合成

（1）将素材"纹理.jpg"拖放至时间线窗口，将其转换成三维图层，变换其参数，效果如图 9-3-35 所示。

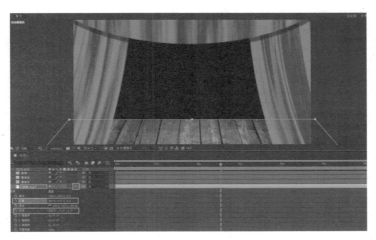

图 9-3-35　变换三维图层效果参数

（2）选中"纹理"层，用蒙版工具绘制不规则蒙版。点击蒙版下拉选项，更改羽化值为（500.0，500.0），如图 9-3-36 所示。

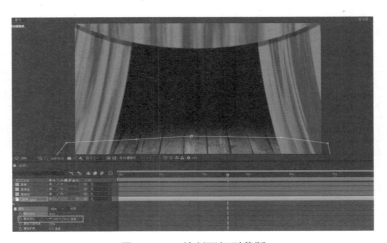

图 9-3-36　绘制不规则蒙版

（3）将素材"烟火.mov"拖放至时间线，根据合成窗口内各图层调整其大小与位置参数，效果如图 9-3-37 所示。

图 9-3-37　调整烟火素材基本参数效果

（4）将"文字 .png"拖放至时间线，展开文字层下的"变换"参数栏，将时间指针放置在 2 秒位置，单击"缩放"参数前面的秒表按钮，设置"缩放"数值为（5000.0%，5000.0%）；移动时间指针至 4 秒，设置"缩放"数值为（52.0%，52.0%）。在 2 秒位置通过设置"不透明度"参数的关键帧，制作文字的淡入效果。

图 9-3-38　设置文字图层的缩放和不透明度关键帧

（5）将"音乐 02.mp3"拖放至时间线，进行最终合成。

（6）至此，幕布拉开制作完毕，按下空格键播放预览，案例的最终效果，如图 9-3-39 所示。

图 9-3-39　最终效果

四、天空背景文字

本例知识点

线性擦除滤镜的应用。

勾画滤镜的应用。

CC Particle Systems 滤镜的应用。

预合成的使用。

实践内容

通过给图层添加滤镜，制作模拟天空下投射光线的效果，并制作文字笔画勾画逐步显现的效果。操作步骤如下。

1. 新建合成

按下快捷键 Ctrl+N，新建一个合成，命名为"天空背景文字"，画幅尺寸设置为 1920×1080，持续时间为 8 秒。

2. 导入素材

（1）双击项目窗口的空白处，打开"导入文件"对话框，找到本案例配套的素材文件夹"第九章 \ 课堂案例 \ 天空背景文字 \ 素材"，选中素材"背景 .mp4""光 .png"，点击"导入"按钮，将素材导入项目窗口中。

图 9-3-40　导入素材

（2）将 2 个素材分别拖放至时间线，根据窗口大小适度改变素材比例，效果如图 9-3-41 所示。

图 9-3-41　调节图层比例参数

3. 制作光线

（1）选择"光 .png"图层，右击选择快捷菜单命令"图层 > 预合成"，在弹出的对话框中，将新合成命名为"光束"，单击"确定"按钮将图层变成一个预合成，如图 9-3-42 所示。

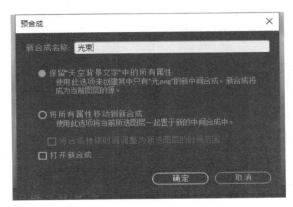

图 9-3-42　将图层变成预合成

（2）制作光线。在时间线窗口中双击"光束"图层，打开"光束"合成，新建一个纯色层，命名为"运动光"，大小与合成一致。执行菜单命令"效果 > 杂色与颗粒 > 分形杂色"为纯色层添加滤镜。在效果控件窗口修改参数，将"分形类型"设为字符串，将"杂色线性"设为线性，将对比度改为 65.0，"亮度"降低，改为 –42.0。取消"统一缩放"选框，将"缩放宽度"改为 50.0，"缩放高度"改为 723.0。单击"演化"参数的秒表按钮，0 帧位置，设置"演化"参数为 0，8 秒位置，设置参数为 2，如图 9-3-43 所示。

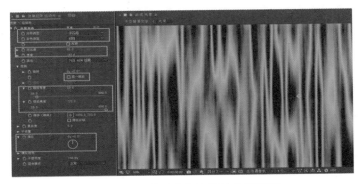

图 9-3-43　分形杂色滤镜的参数设置

（3）执行菜单命令"效果 > 扭曲 >CC Power Pin"，继续为图层添加滤镜，在效果控件窗口中，调整 CC Power Pin 的参数，根据图层"光 .png"的形状，设置四个顶点的参数，如图 9-3-44 所示。

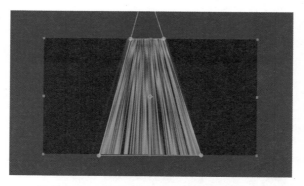

图 9-3-44　CC Power Pin 滤镜调整后效果

（4）新建一个纯色层，颜色设置为白色，放置在"运动光"层的下方。设置轨道遮罩模式，以"运动光"层的亮度作为遮罩，如图 9-3-45 所示。选中两个图层，按下快捷键 Ctrl+Shift+C，将它们制作为一个预合成，命名为"运动光"，如图 9-3-46 所示。

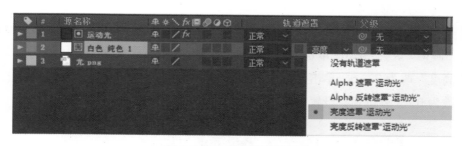

图 9-3-45　设置轨道遮罩

（5）将预合成图层"运动光"复制一层，将图层重命名改为"运动光 1"和"运动光 2"。选择两个"运动光"图层，将其转换为三维图层，打开图层的缩放参数，将其设置为 130.0。选择"运动光 1"图层，按下快捷键 R，打开其旋转参数。单击"Y 轴旋转"前面的秒表开关，0 秒位置，将其数值设为 –50.0，2 秒位置设为 0，4 秒位置设为 50.0，如图 9-3-47 所示。

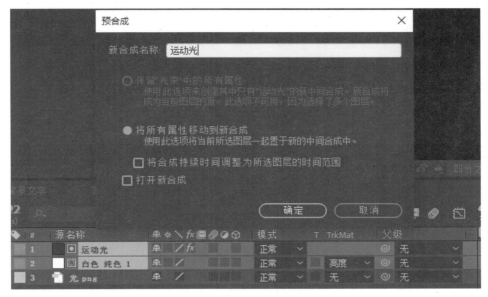

图 9-3-46　将图层进行预合成

图 9-3-47　设置图层的旋转动画

（6）选中前 2 个关键帧，执行关键帧的复制命令，按下快捷键 Ctrl+C，将时间指针移至 6 秒位置，执行关键帧的粘贴命令，按下快捷键 Ctrl+V。选中全部关键帧，右键，执行菜单命令"关键帧 > 关键帧辅助 > 缓动"，如图 9-3-48 所示。

图 9-3-48　平滑关键帧

（7）打开"运动光 2"的旋转参数，参照"运动光 1"图层的参数节点，单击"Y 轴旋转"前面的秒表开关，0 秒位置，将其数值设为 50.0，2 秒位置设为 0.0，4 秒位置设为 –50.0，如图 9-3-49 所示。选中前 2 个关键帧，执行关键帧的复制命令，按下快捷键 Ctrl+C，将时间指针移至 6 秒位置，执行关键帧的粘贴命令，按下快捷键 Ctrl+V。选中全部关键帧，右键，执行菜单命令"关键帧 > 关键帧辅助 > 缓动"。

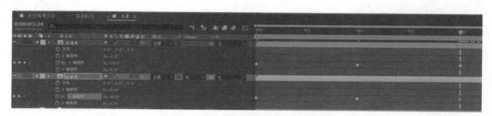

图 9-3-49　设置"运动光 2"图层的旋转动画

（8）选中"运动光 1"和"运动光 2"图层，打开其不透明度的参数，按下快捷键 T，将两个图层的不透明度设为 40.0，以降低光线的亮度。关闭图层"光 .png"的图层显示开关，效果如图 9-3-50 所示。

图 9-3-50　改变图层的不透明度

4. 制作粒子

（1）新建一个纯色层，命名为"粒子"。执行菜单命令"效果 > 模拟 > CC Particle Systems"，给"粒子"层添加滤镜。在效果控件窗口，展开"Particle"参数栏，将"Particle Type"设为 Faded Sphere，"Birth Size"设为 0.05，"Death Size"设为 0.05；展开 Physics 参数栏，将"Velocity"设为 0.0；展开

Producer 参数栏，参照光线的宽度和高度调整 Radius X 与 Radius Y，效果如图 9-3-51 所示。

图 9-3-51　CC Particle Systems 特效的参数设置

（2）执行菜单命令"图层＞新建＞调整图层"，创建一个调整层，如图 9-3-52 所示。执行菜单命令，"效果＞过渡＞渐变擦除"，给调整图层添加滤镜。设置渐变擦除的参数，将"擦除角度"设为 180.0，过渡完成设为 28%，并适当调整羽化值，使光线的显示正好处于云端的下方，效果如图 9-3-53 所示。

图 9-3-52　新建调整图层

图 9-3-53　渐变擦除滤镜的参数设置

（3）切换到"天空背景文字效果"合成，选中"光束"图层，按下快捷键 Ctrl+D，复制一层，并改变图层的混合模式开关设置，如图 9-3-54 所示。给"光束"层添加"快速模糊"滤镜，设置"模糊度"为 15，这样光束看上去更柔和。将"快速模糊"滤镜复制给另一个"光束"层，适度调整参数。

图 9-3-54　改变层模式设置

5. 创建文字

（1）单击工具栏中的"文字工具"，输入文字，设置字体、字号、颜色等参数，并将其进行预合成，设置预合成名称为"文字"，如图 9-3-55 所示。

图 9-3-55　输入文字

（2）新建一个合成，命名为"文字勾线"。在项目窗口中将"文字"合成拖放至新合成，并为其添加滤镜。执行菜单命令"效果 > 生成 > 勾画"，添加勾画滤镜。在效果控件窗口，设置"混合模式"为透明，"颜色"为不同于文字的颜色即可，"阈值"为 60.00，"片段"为 1，"宽度"为 2.50，"结束点不透明度"为 0.300，如图 9-3-56 所示。给"长度"参数做关键帧动画，

0 秒位置，数值设为 0.000；3 秒位置，数值设为 0.300，这样就有勾画文字的效果了。

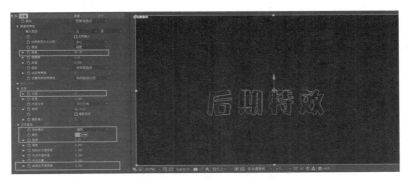

图 9-3-56　勾画滤镜的参数设置

（3）选中"文字"层，按下快捷键 Ctrl+D，复制一层，点击两个图层的三维开关，将其转换成三维图层。打开复制层的"位置"参数，将其 Z 轴和 Y 轴参数进行调整，效果如图 9-3-57 所示。

图 9-3-57　改变图层的位置

（4）切换到"天空背景文字"合成，在项目窗口中将"文字勾画"合成拖放至时间线，并设置"文字"层和"文字勾画"层的起始位置在 3 秒处，开启图层的三维开关。

6. 创建摄像机动画

（1）执行菜单命令"图层＞新建＞摄像机"，新建一个摄像机，如图 9-3-58 所示。展开摄像机层的"位置"和"目标点"参数，将时间指针移到 3 秒位置，单击两个参数的秒表开关；将时间指针移到 0 秒位置，"位置"参数设为（890，215，0）；"目标点"参数设为（890，215，–650），实现摄像机的推拉镜头效果，如图 9-3-59 所示。

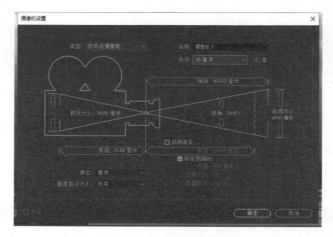

图 9-3-58　创建摄像机

图 9-3-59　创建摄像机动画

（2）选中"文字"层，根据勾画的效果，将"文字"层的起始位置后移几帧，为图层添加线性擦除滤镜。制作文字随着勾画线条逐渐斜向擦出的效果，在效果控件窗口，设置"擦除角度"为 8.0，羽化值为 32.0，将时间指针放置在"文字"层的起始帧，点击"过渡完成"的动画开关，设置值为 60%；移动时间指针至文字勾画动画结束帧，设置"过渡完成"的值为 41%，效果如图 9-3-60 所示。

图 9-3-60　线性擦除滤镜的应用效果

（3）至此，天空背景文字制作完毕，按下空格键预览播放，案例的最终效果，如图 9-3-61 所示。

图 9-3-61　最终效果

本章小结

　　作为专业的后期特效合成软件，After Effects 提供了大量的内置滤镜来制作各种影像效果，由于篇幅的限制，无法对每个滤镜进行详细的讲解。本章按照滤镜的类型，对滤镜进行了概括性的介绍，并通过课堂案例讲解了常用滤镜的实际应用。同学们在学习过程中，一定要勤动脑、多实践，灵活运用滤镜进行影像的特效设计。

思考与练习

　　1. 想一想并尝试制作有一定形态的雾化效果。

　　2. 拍摄一段素材，并为其制作空中飘雪的效果。

　　3. 设计并制作一个物体爆炸的特效镜头。

第十章
外挂滤镜的应用

本章学习目标
- 了解常用的外挂滤镜
- 掌握常用外挂滤镜的应用

本章导入

　　After Effects 与其他影视后期特效合成软件相比，拥有大量的滤镜，这些滤镜分为内置滤镜和外挂滤镜。外挂滤镜的不断更新升级也是 After Effects 特效功能不断强大的原因。它常常用来制作光效、粒子等特殊效果。本章将讲解、推荐几款常用的外挂滤镜。如果你常用或认为很好的滤镜没有在这些推荐里，也不必着急，每个滤镜都有它存在的意义和用途。同时，外挂滤镜何其多，也希望大家能够合理地使用，不要一味地求多求新，变成"滤镜控"。

第一节　常用外挂滤镜

外挂滤镜按照效果主要分为粒子滤镜、光效滤镜、调色滤镜、3D 滤镜、抠像滤镜、流体滤镜、噪波滤镜和变形滤镜等几大类。下面推荐几款常用外挂滤镜，大家可根据需要自行安装。

一、常用外挂滤镜

（一）Trapcode Particular（超炫粒子滤镜）

Particular 是 Red Giant（红巨星）出品的一款外挂滤镜，具有强大的视觉效果，被广泛使用，可以模拟三维空间破碎的粒子，模拟真实自然现象，如灰尘、烟、沙子、宇宙、星云、烟花、雨水、火焰等效果。它拥有独立的操控界面，有几百个预设，同时是一个多粒子系统，支持多类粒子发射器。Particular 靠发射器来生成粒子，粒子在出生的时候就有速度、方向、大小、生命等属性，再通过物理学和辅助系统增加粒子的运动效果。

（二）Trapcode Form（三维空间粒子滤镜）

这是一款强大的三维空间粒子滤镜，可制作很多强大复杂的效果，如烟雾特效、火焰特效、沙化溶解、爆炸、颗粒等炫酷的粒子效果，支持加载 3D 模型或 OBJ 动画序列。它有独立强大的用户 UI 界面，直观粒子元素，生成效果更具创造性和直观性。

（三）Trapcode Shine（光源滤镜）

该滤镜是一个二维光效制作滤镜，在对视频、文字、物体等光效渲染方面优势非常大，提供了大量预设，可以为文字、图像等内容创建逼真的体积光效果。它可以自由调节光源的放射性长度、发散方向，为光源添加透明度等效果，使作品变得更加绚丽多彩，还能创建闪光特效，增加视觉吸引力。

（四）Trapcode 3D Stroke（描边滤镜）

3D Stroke 能根据用户勾勒路径创建出三维形状或线条，为标志、文字、路径等赋予鲜活的"生命"，对形状和颜色有着精准的控制。

（五）Plexus（点线面三维粒子滤镜）

Plexus 是一款比较时尚的、具有科技感的粒子滤镜，制作点线面三维粒子效果非常的方便，渲染速度快，支持 3D-OBJ 模型导入。同时直接提供多种自定义特效、分形、颜色、球形场和阴影。

（六）Element 3D（三维模型滤镜）

Element 3D 是由 Video Copilot 推出的三维模型滤镜，它允许用户将三维模型导入 After Effects 进行渲染和合成。它支持材质编辑，内置了很多基本模型和材质类型，包括灯光、灯光反射和环境天空等。虽然 After Effects 也可以做出三维的效果，但是 Element 3D 滤镜更加强大，使用它可以让用户在 After Effects 更加简单快速地完成项目，可以制作出更多场景、材质，为场景添加灯光，甚至相机动画和变化，无须像传统的三维软件重新渲染。

（七）Looks（多功能调色滤镜）

这是一款强大的视频色彩校正滤镜，拥有众多调色工具，能够随意组合。它有超过 200 多种可调整的预设，有独立的操控界面，让操作更直观、更容易。

（八）Optical Flares（镜头光晕耀斑滤镜）

Optical Flares 是由 Video Copilot 推出的 After Effects 镜头光晕滤镜，用于制作逼真的镜头耀斑，它拥有完整的独立界面和多种光晕耀斑预设。在其独立界面，可以调整的参数属性非常多，能很好地单独控制各项属性。类似的光晕滤镜还有 Knoll Light Factory（灯光工厂），但是相比这款滤镜，Optical Flares 在控制性能、界面友好度及效果等方面都较出彩一些。

（九）Twixtor（超级慢动作视频变速滤镜）

Twixtor 是一款比较出名的超级慢动作视频变速滤镜。它由 Vision Effects

公司设计开发，通过该滤镜，可以对视频进行减速处理，也支持对视频加速播放，得到不一样的视频体验，并且效果比较出色。在软件中直接放慢素材速度使用的是帧融合技术，Twixtor 则是计算两个帧之间素材的差值，然后自动填补出更加柔和过渡的插入帧。

（十）Twitch（信号干扰滤镜）

该滤镜能模拟出很多信号干扰的特殊视觉效果，如画面抖动、旧电影、画面破损、随机位置大小变化、画面亮度色彩随机变化等。

（十一）Denoiser（视频降噪滤镜）

在低光或高 ISO 感光下拍摄会给视频增加很多噪音，Denoiser 是一个在不删除视频细节的情况下，去除噪点的滤镜。当然这种降噪属于精密计算，对电脑硬件有一定的要求。

（十二）Psunami（海洋 / 水流滤镜）

虽然这款滤镜所制作出来的水的效果比不上专业的流体软件和三维软件，但是此款滤镜操作起来很简单，相对于比较简单的制作要求来说，也是相当实用的。

二、外挂滤镜的安装

After Effects 的外挂滤镜分为两种：一种是需要安装程序才能安装的；一种是不需要安装程序，直接把滤镜文件复制到相应的目录即可。打个比方，就像软件分为安装版与绿色版，安装版需要执行安装程序才能安装，绿色版则可以直接运行软件而无须再安装程序。现在很多第三方制作了常用滤镜合集包，安装更加方便，大家可根据自己的需要选择安装。

以 After Effects 安装在 C 盘为例，Windows 系统和 Mac 系统的外挂滤镜文件复制目录分别如下：

Windows 系统安装路径为 C:\Program Files\Adobe\Adobe After Effects< 版本 >\Support Files\Plug-ins；

OS 系统安装路径为 X:\Applications\Adobe After Effects< 版本 >\Plug-ins。

第二节　课堂案例

本节通过五个案例来了解外挂滤镜在实践中的具体应用。

一、绚丽烟花

🔖 **本例知识点**

　　Trapcode Particular 滤镜的主要参数。

　　Trapcode Particular 滤镜的应用。

🔖 **实践内容**

　　给纯色层添加 Trapcode Particular 滤镜，通过对滤镜的发射器、粒子、物理学、辅助系统等参数的设置，制作绚丽的烟花。

（一）发射器

　　发射器是 Trapcode Particular 滤镜中控制粒子发射的载体，发射器有多种类型选择，可以变化发射器的位置、方向和速度，如图 10-2-1 和图 10-2-2 所示。

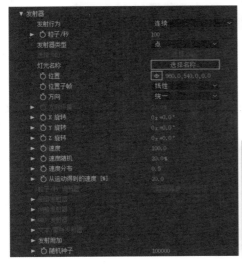

图 10-2-1　发射器参数组

图 10-2-2　发射器类型

（二）粒子

粒子是 Trapcode Particular 滤镜中控制发射器的粒子的类型、大小、生命期、不透明度、颜色等参数，如图 10-2-3 所示。

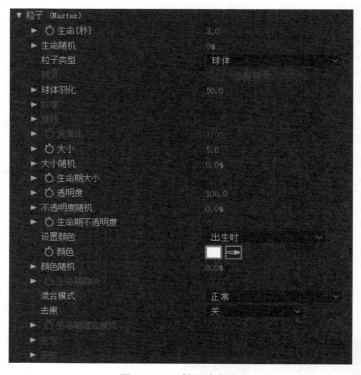

图 10-2-3　粒子参数组

提示：Trapcode Particular 的粒子类型可有多种选择，如果选择粒子的类型为"纹理多边形"，则原粒子窗口中灰色的纹理、旋转功能被启用。"纹理多边形"可以替换为自定义图形文字，制作花瓣、树叶、字母等粒子特效，如图 10-2-4 所示。

下面简单介绍使用"纹理多边形"制作花瓣飞舞的步骤。

第一步，新建一个纯色层，命名为"粒子"，为该图层添加滤镜 Particular。

第二步，找到本案例配套的"第十章\课堂案例\绚丽烟花\素材"文件夹，导入带透明通道的花瓣素材"花瓣.png"，并放到合成"粒子"中。

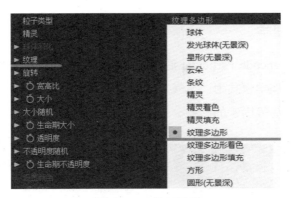

图 10-2-4 粒子类型

第三步，在粒子类型中选择"纹理多边形"。在纹理中选择图层为"花瓣 .png"，如图 10-2-5 所示。

图 10-2-5 在纹理中选择图层

第四步，在粒子选项中，调整粒子大小为 30.0，修改随机旋转值为 20.0，生命值为 10.0。修改发射器中粒子 / 秒为 20。

第五步，预览该动画效果，如图 10-2-6 所示。

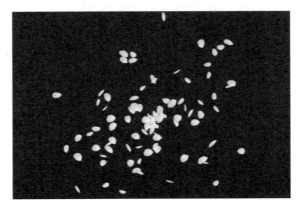

图 10-2-6 花瓣粒子

（三）物理学

物理学是 Trapcode Particular 滤镜中控制发射器的粒子受物理因素影响的参数。其中，物理学模式为"空气"时，粒子受到"Air"中运动路径、风力、空气阻力、湍流场等因素的影响，如图 10-2-7 所示。

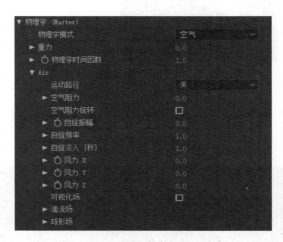

图 10-2-7　物理学参数组—空气

其中，物理学模式为"反弹"时，粒子则受到反弹中来自地板和墙壁的碰撞影响，如图 10-2-8 所示。

图 10-2-8　物理学参数组—反弹

（四）辅助系统

辅助系统控制由主粒子发射出的子粒子的效果。该窗口结合了主粒子的发射器、粒子、物理学窗口功能，主要控制子粒子的发射、子粒子属性及部分物理学参数，如图 10-2-9 所示。

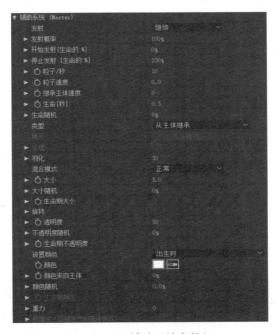

图 10-2-9　辅助系统参数组

（五）明暗

明暗控制粒子阴影的明暗效果，默认为关闭，需要手动开启，需要辅助灯光来显示明暗效果，如图 10-2-10 所示。

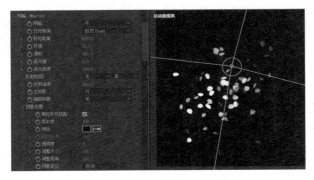

图 10-2-10　明暗参数组及效果

（六）操作步骤

1. 发射器参数设置

（1）新建合成。新建一个合成，命名为"烟花"，设置分辨率为 1920×1080，持续时间为 5 秒。

（2）新建纯色层并添加滤镜。执行菜单命令"图层 > 新建 > 纯色"，创建一个大小为 1920×1080，颜色为黑色的纯色层。执行菜单命令"效果 Trapcode> Particular"，为纯色层添加 Particular 滤镜。

（3）Particular 滤镜的基本设置。首先，要制作出烟花的初步形状和运动形态。在发射器中的参数设置，如图 10-2-11 所示。为"粒子 / 秒"设置关键帧动画，在 0 秒时，设为 500；在 1 秒时，设为 0（"粒子 / 秒"的数值越大，喷出来的礼花就越多）。速度值越大，礼花能喷射的高度就越高，反之，礼花能喷射的高度就越低，将速度值设置为 450.0。

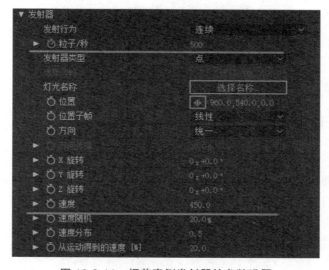

图 10-2-11　烟花案例发射器的参数设置

（4）设置物理学参数组。设置物理学模式为"空气"，如图 10-2-12 所示。重力值设置为 200.0，给烟花的粒子一个向下的重力。然后给"Air"下的"空气阻力"设置为 2.0，使粒子的扩散范围控制在一个有空气约束的范围内，不会无限扩大，得到的粒子效果，如图 10-2-13 所示。

图 10-2-12　烟花案例物理学的参数设置　　　　图 10-2-13　粒子效果

2. 辅助系统参数设置

（1）根据之前的步骤，得到了烟花的雏形，还需要进一步细化烟花的形态，我们将烟花分为主粒子和子粒子（粒子拖尾的部分）。打开辅助系统，"发射"选择继续。"粒子／秒"设为 232，"生命［秒］"设定为 0.5，修改粒子的"大小"为 3.0，并修改生命期大小的形状。子粒子（拖尾）的制作过程在辅助系统的参数，如图 10-2-14 所示。

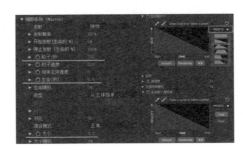

图 10-2-14　辅助系统的参数设置

（2）模拟子粒子拖尾效果。修改子粒子的生命期不透明度的形状，通过不透明度渐隐的变化，制作出粒子的拖尾效果。在"生命期颜色"中修改子粒子的颜色，将原有的渐变去除，修改为橙红色渐变，具体操作，如图 10-2-15 所示。

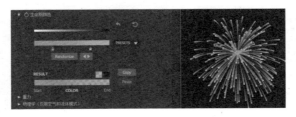

图 10-2-15　辅助系统中生命期颜色的参数设置

3. 主粒子参数设置

（1）主粒子参数设置。在粒子参数组设置"生命［秒］"为 2.0，"生命随机"为 30%，"大小"为 6.0，"大小随机"为 15.0%。"生命期大小"和"生命期不透明度"的修改，如图 10-2-16 所示，粒子出现平滑衰减并随机出现最大值，模仿出现粒子随机闪烁的现象。

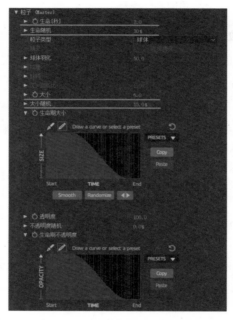

图 10-2-16　主粒子参数组的设置

（2）修改主粒子的颜色。在"生命期颜色"中将原有的渐变色去除，修改为白黄色渐变，具体操作，如图 10-2-17 所示。

图 10-2-17　主粒子生命期颜色的参数设置

技巧：Trapcode Particular提供了一个以绘制曲线的方式控制粒子的界面，用绘制曲线的方式控制粒子的变化。

图 10-2-18　生命期大小控制子粒子在整个生命周期中的大小变化

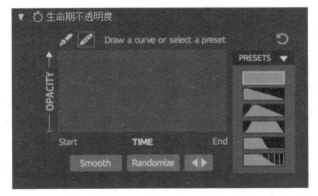

图 10-2-19　生命期不透明度控制子粒子在整个生命周期中的透明属性变化

控制修改粒子的方法是先画一条曲线，在绘图区用鼠标单击和涂抹绘制范围。滤镜设计了 6 个预设，从上到下依次是恒定最大生命、线性衰减、直线上升然后衰变结束生命、高斯升降、一半有一半无、平滑衰减随机出现最大值。它们的形状和效果，如图 10-2-20—图 10-2-25 所示。

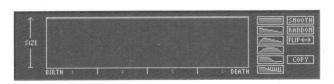

图 10-2-20　粒子保持恒定最大生命

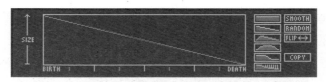

图 10-2-21　粒子的生命通过线性衰减从最大值到零

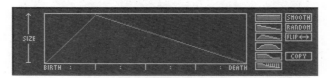

图 10-2-22　粒子从零上升到最大值，然后衰减到零

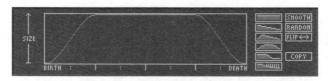

图 10-2-23　粒子从零开始以平滑运动的方式递增达到最大值，然后以平滑运动的方式递减

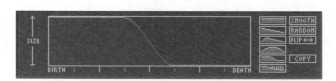

图 10-2-24　一半粒子显示最大值，然后平滑衰减到完全不显示

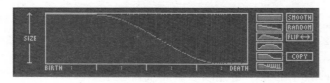

图 10-2-25　粒子以平滑的运动方式衰减加杂随机出现的最大值，竖线用于创建随机闪烁的效果

4. 增加随机烟花

（1）建立纯色层。创建一个大小为 1920×1080 的黑色纯色层，命名为"随机烟花"，为其添加滤镜 Particular。

（2）Particular 滤镜的参数设置。为"粒子 / 秒"添加关键帧动画，在 0 秒时，设置其值为 100；在 1 秒时，设置其值为 0。将速度值设置为 200.0，如图 10-2-26 所示。

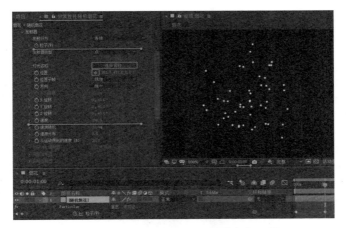

图 10-2-26　随机烟花发射器的参数设置

（3）设置辅助系统参数组数值。"发射器"选择继续，"粒子／秒"
设为 270，"粒子速度"为 25.0，"生命［秒］"为 1.0，粒子的"大小"为
2.0，如图 10-2-27 所示。

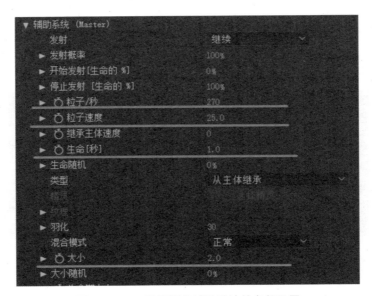

图 10-2-27　随机烟花辅助系统的参数设置

（4）修改生命期大小的形状，如图 10-2-28 所示，模拟出子粒子拖尾效
果。点击生命期大小中的 Copy，到生命期不透明度中点击 Paste，统一生命期
大小和不透明度的形状。

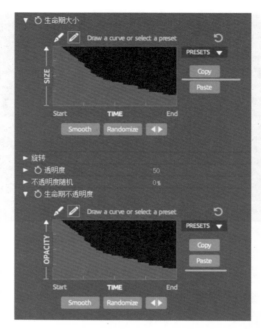

图 10-2-28　随机烟花生命期大小和生命期不透明度的参数设置

（5）修改子粒子的颜色。在"生命期颜色"中，将原有的渐变色去除，修改为橙红色渐变，具体操作，如图 10-2-29 所示。

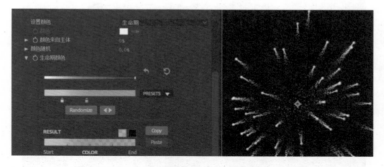

图 10-2-29　随机烟花生命期颜色的参数设置

（6）设置物理学参数组。"重力"设置为 120.0，给烟花的粒子一个向下的重力。然后设置"Air"下的"空气阻力"为 0.5，使粒子的扩散范围控制在一个有空气约束的范围内，不会无限扩大。为了增强粒子的随机紊乱，设置"自旋振幅"为 50.0，"自旋频率"为 2.5，如图 10-2-30 所示。

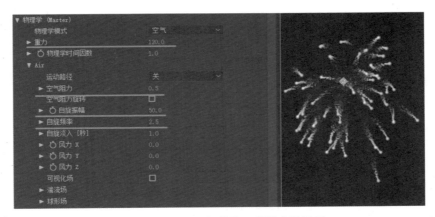

图 10-2-30 随机烟花物理学的参数设置

（7）在时间线窗口，选择随机烟花层的混合模式为"相加"，加强粒子效果，如图 10-2-31 所示。

◉♪●🔒	#	图层名称	☲✦↘*fx█◎◎❶	模式	T TrkMat	父级和链接
◉	1	随机烟花	☲ /fx	相加		◎ 无
◉	2	[烟花]	☲ /fx	正常	无	◎ 无

图 10-2-31 时间线窗口图层混合模式设置

（8）至此，绚丽烟花制作完毕，按下空格键播放预览，案例的最终效果，如图 10-2-32 所示。

图 10-2-32 最终效果

二、描边文字

1. 新建合成

新建一个合成，画幅尺寸设置为 1920×1080，持续时间为 5 秒，将其命名为"描边文字"。

2. 创建文字

使用文字工具在合成窗口输入文字"描边文字"，并在字符窗口，设置颜色、字体和字符间距，效果如图 10-2-33 所示。

图 10-2-33　文字设置的效果

3. 追踪描边文字生成遮罩

选择描边文字图层，执行菜单命令"图层 > 自动追踪"，在弹出的自动追踪窗口中直接选择"确定"。在时间线窗口自动生成名称为"自动追踪的描边文字"的调整图层，为文字层生成描边 Mask（遮罩），如图 10-2-34 所示。

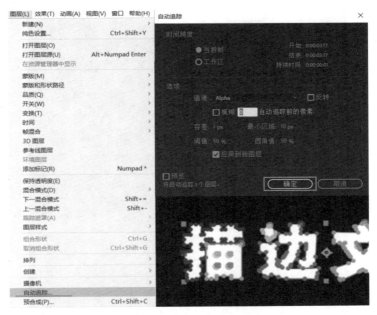

图 10-2-34　追踪描边文字生成 Mask（遮罩）

4. 制作描边效果

在新生成的调整图层上添加 3D Stroke 滤镜，修改 3D Stroke 中的参数，如图 10-2-35 所示。设置颜色为橙色，厚度为 3.0，第 0 秒设置偏移为 0.0，5 秒处设置偏移为 200.0，并勾选"循环"，勾选"锥度"下的"启用"。

图 10-2-35　3D Stroke 的参数设置及效果

5. 制作扫光效果

（1）在时间线上隐藏文字层"描边文字"。

（2）给调整图层添加 Shine 滤镜，修改 Shine 的参数，"光芒长度"为 8.0，"提升亮度"为 50.0，"着色模式"为"火焰"，如图 10-2-36 所示。

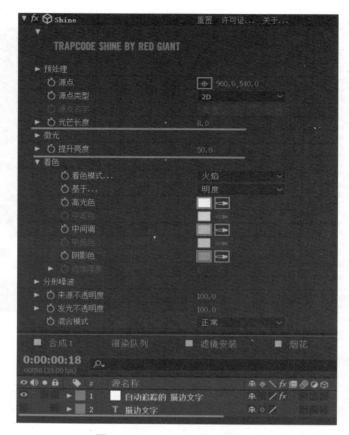

图 10-2-36 Shine 的参数设置

（3）至此，描边文字制作完毕，按下空格键预览动画，最终的文字动画效果，如图 10-2-37 所示。

图 10-2-37 最终效果

三、金属文字

Element 3D 滤镜的文字建模、材质。

Element 3D 滤镜的应用。

应用 Element 3D 滤镜制作金属文字。操作步骤如下。

1. 新建合成

新建一个合成，画幅尺寸设置为 1920×1080，持续时间为 5 秒，将其命名为"金属文字"。

2. 创建三维文字

（1）新建文字层，并输入文字"金属文字"。新建一个纯色层命名为"E3D"。为"E3D"图层添加 Element 滤镜。在"自定义图层"中选择"路径图层 1"，定义图层为金属文字，如图 10-2-38 所示。

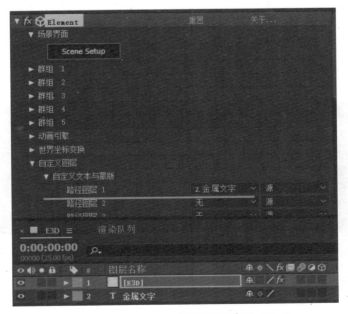

图 10-2-38　Element 路径图层选择金属文字

（2）点击"Scene Setup"按钮，随即弹出 Element 的界面窗口，然后点击"挤压"按钮，随即生成金属文字的三维效果，如图 10-2-39 所示。

图 10-2-39　Element 的界面窗口

（3）在预览窗口中，常按鼠标左键并移动可以旋转视角，滚动鼠标滚轮可以推拉视角，按住鼠标滚轮可以平移视角。

3. 修改文字倒角

（1）在 Element 的界面窗口左下角预设中选择 Bevels（倒角），随即可以选择其中的倒角预设效果，如图 10-2-40 所示。

图 10-2-40　Element 界面窗口中 Bevels（倒角）预设

（2）选择倒角预设 Century，在场景窗口中展开挤出模型，有 Bevel1、Bevel2、Bevel3，修改倒角的对应参数，如图 10-2-41 所示。

图 10-2-41　Element 界面窗口中 Bevels（倒角）的参数设置

4. 修改文字材质

（1）这里预设本身设有金属材质，为增强其金属质感，此处使用金属预设（需提前安装）。

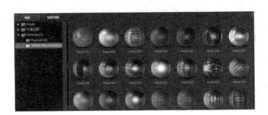

图 10-2-42　Element 界面窗口中材质预设

提示： 材质预设安装，应提前将材质包 "VFXER PRO Metals For Element 3D" 复制到对应路径 C:\Users\Documents\VideoCopilot\Materials，复制完成后打开 After Effects 即有新安装好的材质预设。

图 10-2-43　材质预设安装路径

（2）将现有 3 个 Bevels 倒角材质替换为预设包中的材质，得到的效果，如图 10-2-44 和图 10-2-45 所示。

图 10-2-44　对应选用的材质预设

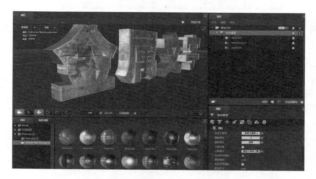

图 10-2-45　修改材质

5. 创建文字动画

（1）点击右上角的"确定"后，关闭 Element 界面窗口。在时间线窗口创建 50mm 摄像机和空对象，并开启空对象的三维开关，将摄像机关联父子关系给空对象，使用空对象控制摄像机。

（2）制作空对象 Z 轴关键帧动画，0 帧处，设置数值为（960.0，540.0，2600.0）；10 帧处，设置数值为（960.0，540.0，300.0），得到的文字动画效果，如图 10-2-46 和图 10-2-47 所示。

图 10-2-46　设置空对象 Z 轴 0 帧处关键帧动画

图 10-2-47　设置空对象 Z 轴 10 帧处关键帧动画

（3）为增强文字立体效果。修改 Element 界面窗口中的"挤出模型"下倒角缩放数值为 4.00，增加文字的厚度，如图 10-2-48 和图 10-2-49 所示。

图 10-2-48　Element 界面窗口中挤出模型下倒角缩放数值设置

图 10-2-49　金属文字效果

（4）根据文字修改后的立体效果，修改摄像机为 35mm，修改空对象 Z 轴关键帧动画，0 帧处，设置数值为（960.0，540.0，3000.0）；10 帧处，设置数值为（960.0，540.0，1300.0）。

6. 最终合成

（1）导入素材"背景 .mp4""BG.png""动态烟雾 .mp4""火星 .mp4"。时间线窗口图层的排列及图层模式，如图 10-2-50 所示。

图 10-2-50　时间线图层排列及图层模式

（2）至此，立体金属文字制作完毕，按下空格键播放预览，案例的最终效果，如图 10-2-51 所示。

图 10-2-51　金属文字合成效果

四、灿烂的光晕

🖰 **本例知识点**

Optical Flares 滤镜的应用。

🖰 **实践内容**

应用 Optical Flares 滤镜，为上个案例的金属文字制作镜头光晕。操作步骤如下。

1. 创建光晕

（1）新建纯色层，命名为"Flare"，为纯色层添加 Optical Flares 滤镜。将 Flare 层的混合模式修改为"相加"。在效果控件窗口，点击"Options"进入光晕特效设置窗口，如图 10-2-52 所示。

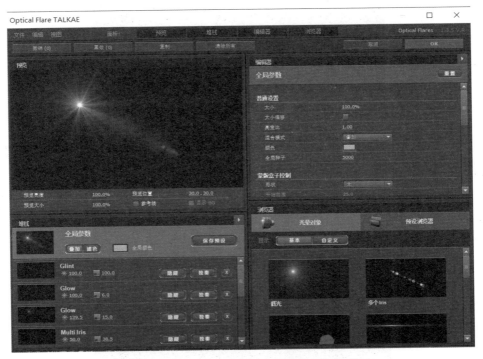

图 10-2-52　Optical Flares 光晕滤镜的设置窗口

（2）在堆栈中删除所有默认的组件，如图 10-2-53 所示。

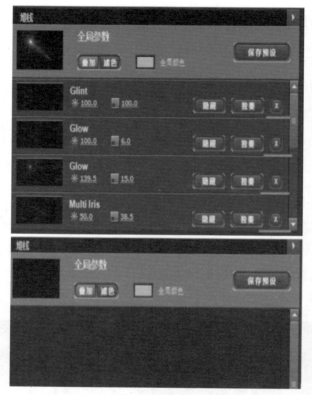

图 10-2-53　在堆栈中删除所有默认的组件

（3）在右边的光晕对象中添加自定义组件，并设置参数，如图 10-2-54 所示。点击 "OK" 按钮，返回 After Effects 主界面。

图 10-2-54　Optical Flares 光晕对象中添加自定义组件

（4）将光晕位置调整到合成画面的居中位置，并修改灯光"大小"为40.0，"颜色"为蓝色，如图 10-2-55 所示，光晕效果如图 10-2-56 所示。

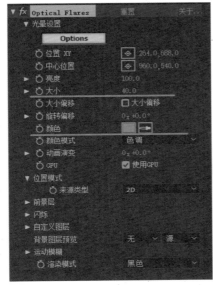 

图 10-2-55　Optical Flares 修改光晕参数　　图 10-2-56　Optical Flares 光晕静止效果

2. 制作光晕动画

（1）为 Optical Flares 的位置 X、Y 属性添加关键帧动画，0 帧处，设置位置参数为（–1000.0，688.0）；10 帧处，设置位置参数为（265.0，688.0）；2 秒处，设置位置参数为（1618.0，688.0）；5 秒处，设置位置参数为（959.0，688.0）。为亮度属性添加关键帧动画，0 帧处，设置参数为 1500.0；10 帧处，设置参数为 100.0；2 秒处，设置参数为 80.0；5 秒处，设置参数为 150.0。

（2）至此，金属文字的光晕动画制作完毕，按下空格键播放预览，案例的最终效果，如图 10-2-57 所示。

图 10-2-57　Optical Flares 光晕动画效果

五、慢速镜头

本例知识点

Twixtor 镜头变速的调节。

实践内容

应用 Twixtor 滤镜为运动镜头进行变速调节。操作步骤如下。

1. 统一帧速率

（1）找到本案例配套的素材文件夹"第十章\课堂案例\慢速镜头\素材"，双击打开，将"滑板.mp4"导入软件中。将素材"滑板.mp4"拖放到项目窗口下方的"新建合成"按钮上，创建一个新的合成。

（2）为图层"滑板.mp4"添加 Twixtor 滤镜。

（3）在图层"滑板.mp4"的效果控件窗口，查看图层的帧速率值，默认情况下"帧速率"值为 29.970，如图 10-2-58 所示。

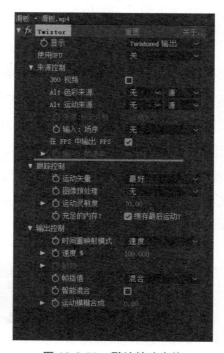

图 10-2-58　默认帧速率值

（4）查看视频素材"滑板 .mp4"的帧速率为 50.000，如图 10-2-59 所示。这里需要统一帧速率的数值，在效果控件窗口，取消勾选"在 FPS 中输出 FPS"，然后将"输入：帧速率"修改为 50.000，如图 10-2-60 所示。

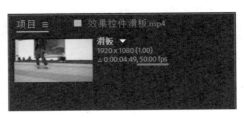

图 10-2-59　滑板的帧速率

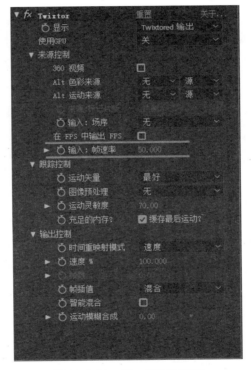

图 10-2-60　统一帧速率数值

2. 视频变速

（1）观看视频，滑板在 3:04 开始腾空。我们将放慢滑板腾空后的时间，做以下参数修改，在视频时间线第 3:04、3:10、4:10、4:16 的位置，设置"输出控制 > 速度"，对应速度值分别为 100.000、10.000、10.000、200.000。

图 10-2-61　修改速度数值

（2）至此，慢动作效果制作完毕，按下空格键播放预览视频，最终运动镜头的变速效果，如图 10-2-62 所示。

图 10-2-62　最终效果

🖰 **本章小结**

　　本章通过选取一些有代表性的案例，讲解了几款常用的外挂滤镜。然而，外挂滤镜的种类多样，更新升级速度快，只能在有限的篇幅内，选择性地讲解。大家可以在学习本单元的内容后，根据需要，有选择地学习其他滤镜。掌握多款外挂滤镜有助于大家提高工作效率，但是在学习的过程中也不要一味地求多求新，多思考、总结，才能让滤镜更好地发挥作用。

🖰 **思考与练习**

　　1. 熟悉掌握 Trapcode 系列滤镜，结合学习内容制作一个主题为"光影文字"的光效动画。

　　2. 综合使用 Element 3D、Optical Flares 滤镜，设计主题为"迎新晚会"的三维文字片头动画。

　　3. 拍摄一个运动镜头，进行极慢镜头的制作。

第十一章
表达式与脚本

本章学习目标
- 掌握表达式的编辑操作
- 掌握常用的几个表达式的应用
- 掌握脚本的安装和运用

本章导入

当你想创建复杂的动画，又想避免手动创建数十个乃至数百个关键帧时，可以尝试使用表达式。表达式是 After Effects 中比较高级的一种制作动画的命令，它是一小段代码，与脚本非常相似，用户可以将其插入 After Effects 项目中，以便在特定时间点为单个图层属性计算单个值。但是，脚本是告知应用程序执行某种操作，而表达式则是说明某个属性是什么内容。

第一节　表达式

表达式是一个数学术语，也是一个程序术语，它表示新值的创建要基于原来的数值。表达式是使用 JavaScript 语言编写的，但是 After Effects 中的表达式不需要专业的 JavaScript 语言作为基础，一般使用关联器或者复制简单语句并加以修改，就可以满足制作要求。

一、创建表达式

在 After Effects 中创建和修改表达式都是在时间线窗口中进行的，首先，在时间线窗口选中图层中要添加表达式的某个属性，再执行菜单命令"动画 > 添加表达式"，就可以为属性添加一个表达式。但是这种方法不太常用，比较快捷的方法是选中图层中的某个属性，按住 Alt 键的同时，点击它前方的秒表按钮，创建一个表达式。表达式添加之后，属性的参数值会变成红色，代表该参数被表达式控制，不再受鼠标调整的控制，如图 11-1-1 所示。

图 11-1-1　创建一个表达式

当按住 Alt 键，再次点击秒表按钮后，就可以删除掉这个表达式，也可以执行菜单命令"动画 > 移除表达式"来删除表达式。

经验：表达式是添加给层属性的，它既可以给变换等层固有属性添加表达式，也可以给层的其他滤镜的属性添加表达式。

二、表达式的编辑操作

在给某个属性创建表达式之后，这个属性的下方会出现四个按钮，同时在时间线窗口的右侧出现一行文字，点击它可以在这个区域对表达式进行编辑和修改，如图 11-1-2 所示。

图 11-1-2　表达式的编辑区域

：启用表达式按钮。当它是蓝色时，表示启用表达式；当它是灰色时，表示不启用表达式。

：显示表达式图表按钮。这个选项可以显示表达式所控制的图表编辑器，它要配合时间线窗口上的图表编辑器按钮才能打开。

：表达式关联器。拖动这个按钮，可以将选中的属性链接到其他属性上，用来创建属性关联动画。

：这是 After Effects 为用户提供的一个表达式语言菜单，可以根据需要在表达式库内寻找自己需要的表达式语句，省去输入表达式的时间，大大提高工作效率。

表达式编辑区域：该区域显示表达式的具体内容，用户可以在该区域直接输入表达式，也可以点击属性下方的表达式关联器 ，此时屏幕上会出现一条线，将这条线拖动至所要链接的属性上松开，系统根据链接自动在编辑区域生成属性表达式，如图 11-1-3 所示。表达式创建后，我们会发现由于位置属性的值是（60.0，60.0），所以图层的旋转值也由 0 变成了 60 度。

图 11-1-3　用表达式关联器自动生成表达式

使用表达式关联器创建的表达式可以链接不同层的相同属性值，从而使一个层属性值影响另外一个层属性值。例如，把一个层的不透明度属性链接到另一层的不透明度属性，可以让前一层的不透明度值和后一个层的不透明度值相同。还可以为层的不同属性创建链接关系。例如，把 A 层的缩放值设置为 30.0%，然后为它创建表达式，使用表达式关联器把它链接到 B 层的旋转属性上，B 层将旋转 30 度。

1. 表达式的语法

表达式的语言是基于 JavaScript 语言设计的，但是没有 JavaScript 语言那么严格的语法限制。一个基本的表达式形式如下：

thisComp. layer（"A.jpg"）. transform.sale=transform.sale+time*10

thisComp 是全局属性，说明表达式应用的最高层级，"."是层级标识符，它后面的为层级标识符前面的下级，"A.jpg"是层的名称。上述表达式的含义是当前合成中图层的名称为"A.jpg"，它的变换属性中的子属性——缩放的数值随着时间的增加而增长，每过一秒，缩放的数值增加 10。After Effects 表达式中，时间的单位为秒。

如果表达式直接写在缩放属性上，也可以省略全局属性，写成：

transform.sale=transform.sale+time*10

表达式语言可以直接访问属性，在访问属性的时候使用"."层级标识符，将属性链接起来，链接的对象在层水平。比如，效果、遮罩、文字动画等，可以用"（ ）"符号。比如，链接图层 A 的不透明度到图层 B 的高斯模糊的模糊属性，可以在图层 A 的不透明度属性上输入表达式：

thisComp.layer（"B.jpg"）.effect（"高斯模糊"）（"模糊度"）

2. 表达式的书写

激活图层旋转属性的表达式，直接输入"0*+40.0"，图层就会旋转 40 度，如果用这种方法创建表达式，它的属性值也被固定了，无论怎样修改都会返回之前的值。同样的，还可以做一些简单的运算，比如说"*2"，再"−100"，它会自动运算出值，这种运算都是可以被执行的。

表达式的书写，要求在英文输入法状态下，同时要注意符合规范。例如，位置属性的值是一个坐标的形式，如果激活它的表达式输入"200"，系统会自动报错，如图 11-1-4 所示。将数值改为"200，400"，数值两边再加一个中括号，这样表达式语句就可以被执行了，如图 11-1-5 所示。

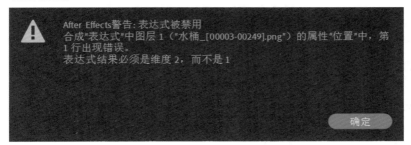

图 11-1-4　表达式书写错误提示

图 11-1-5　为位置属性输入固有数值表达式

还以位置属性为例，位置的英文是 position，输入 position[0]，代表位置属性的 X 轴，同理，Y 轴的数值是 position[1]。先把位置属性的值改为（200.0，50.0），这时 position[0] 的含义就是"200.0"，将它"*2"，位置就变成（400.0，50.0）了。然后，再激活不透明度的表达式，将不透明度的属性改为 position[1]，它就和位置属性的 Y 轴关联上了，也变为"50.0"了，如图 11-1-6 所示。

图 11-1-6　为位置和不透明度属性创建表达式

还有一种声明变量的方法，先定义两个变量 a、b，然后令 a=100、b=a*3，然后再定义位置坐标为 (a,b)，位置属性的参数也被修改了，如图 11-1-7 所示。

图 11-1-7　为位置属性创建变量表达式

同时，还需要注意标点，一行语句结束必须要加分号，否则是没有办法执行的。

三、常用表达式

（一）抖动表达式

抖动表达式一般用来控制物体的自由运动，在制作一些物体运动的动画时，想要实现在一个区间内重复运动的效果，如果用关键帧来做，需要添加很多个关键帧，设置很多次参数，如果用表达式来实现，就会十分方便快捷。

抖动表达式一般书写为 wiggle(a,b)，其中，wiggle 是关键词，After Effects 在识别这个词之后，就开始在某个属性上做随机抖动的运动了。括号里面有两个参数，其中 a 代表每秒抖动的次数，如果想抖动得频繁一点，这个参数就要设置大一点，反之则设置小一点，b 代表抖动的幅度。

以位置属性为例，如果位置属性的值是 (100,100)，我们给它添加一个 wiggle(2,50)，那么产生的抖动效果就是这个图层每秒抖动两次，抖动的幅度在 (50,50) 到 (150,150) 之间，我们会发现每一帧位置属性的值都不同，但都不会超出 wiggle 设置的抖动幅度，如图 11-1-8 所示。

图 11-1-8　添加抖动表达式后，位置属性在不同时间的参数值

（二）随机表达式

随机表达式与抖动表达式类似，都是让图层的某个属性出现一些随机值，它一般书写为 random(a,b)，a 和 b 分别代表这个随机值的开始值和结束值。以图层的不透明度为例，如果给它输入表达式 random(10,90)，代表该图层的不透明度会在 10%—90% 之间进行随机的变化。但是，random(a,b) 只代表一个维度的数值，如果要给位置、比例这些二维属性添加随机表达式，要输入两次，如图 11-1-9 所示。

图 11-1-9　为位置属性创建随机表达式

由于合成的大小是 1920×1080，那么当我们给位置输入表达式语句 [random(0,1920), random(0,1080)] 时，图层在水平方向的随机位置是 0—1920，即从合成的最左边到最右边；图层在垂直方向的随机位置是 0—1080，即从合成的最上面到最下面。图层的随机位置变化，如图 11-1-10 所示。

图 11-1-10　位置随机表达式动画的效果

给图层添加抖动表达式和随机表达式都会造成图层的随机运动，但是，抖动表达式能让图层在做抖动运动时，运动轨迹更为流畅。而随机表达式在让图层做随机运动时，是从一个位置直接跳转到另外一个位置，运动轨迹并没有那么柔和。

随机表达式也经常应用给文本图层，产生随机数字。例如，使用文字工具输入"30"，然后给文字层的源文本属性添加表达式 random(0,100)，这时就产生了 0—100 的随机数字。如果希望随机数字都是整数，那么需要输入语句 a=random(0,100)；Math.ceil(a)，如图 11-1-11 和图 11-1-12 所示。Math.ceil (value) 是取整数的意思，是 After Effects 语法菜单自带的语句，这个表达式中 a 是 0—100 任意一个数，并且 a 只显示整数。

图 11-1-11 创建随机数值的表达式

图 11-1-12 创建的随机数值

（三）轴定向表达式

图层的位置、缩放属性是有 X、Y 两个轴向的参数，而不透明度、旋转是只有一个轴向的参数，如果图层是三维图层，那么它的位置和缩放有 X、Y、Z 三个轴向的参数。对于有多个轴向参数的属性，在给它添加表达式时，如果只想控制某个轴向的参数，另一轴向参数不变，如只想让小伞的宽度随机变化而高度不变，就要用到轴定向表达式。

轴定向表达式一般可以写为 [bds[0],bds[1],bds[2]]，其中 bds 是一个变量，代表任意一个表达式。例如，wiggle 抖动表达式，[0] 代表 X 轴，[1] 代表 Y 轴，[2] 代表 Z 轴。如果只想让图层在 X 轴有比例的抖动，而 Y 轴没有任何变化，那么可以给比例添加一个表达式 [wiggle(4,300)[0],100]，它的意思是图层的宽度做随机抖动，每秒抖动 4 次，幅度是 300 像素，图层的高度是 100% 保持不变，如图 11-1-13 和图 11-1-14 所示。

图 11-1-13　为缩放属性创建轴定向表达式

图 11-1-14　缩放属性轴定向表达式动画的效果

　　如果想要图层的宽度保持不变，高度做随机抖动，则可以输入表达式 [100,wiggle(4,300)[1]]。如果图层是三维图层，那么可以输入表达式 [100, wiggle(4,300)[1],100]，表示图层的 X 轴和 Z 轴的大小不变，Y 轴做随机抖动变化。

（四）时间表达式

　　时间表达式是一个很常用的表达式，它一般书写为 time，没有参数及其他。这个 time 是一个变量，对应的是时间轴上的时间，5 帧或者 3 秒等。这个表达式的含义可以理解成图层的某个属性随着时间的变化而发生改变。

　　例如，给图层的旋转属性添加 time 表达式，播放时间指针就会出现，1 秒处，图层旋转了 1 度；3 秒处，图层旋转了 3 度。也可以做一些简单的运算，把旋转属性的表达式改成 time*10，就可以看到图层的旋转速度被放快了 10 倍，1 秒处，图层旋转了 10 度；在 3 秒处，图层旋转了 30 度。同样还可以除以 2，表示减慢 2 倍的意思，也可以乘以 2 加 10 减 30 等，做一些复杂的运算。

时间表达式的特性是它的值不是固定的，会随着时间的变化而逐渐发生变化，利用这一特性，我们可以用时间表达式嵌入其他表达式中，很好地利用时间来控制物体的运动。例如，给位置属性添加表达式 wiggle(2,100)，此时，图层的抖动虽然是随机的，但是速度是一样的。然后把 2 修改为 time，表达式就变成了 wiggle(time,100)，就可以看到，随着时间的往后推移，图层位置抖动的频率越来越快，如图 11-1-15 所示。

图 11-1-15　时间表达式和抖动表达式的结合

如果给缩放添加一个表达式 time，系统会报错，因为 time 跟随机表达式一样，只能影响属性的一个参数，如缩放、位置等有两个参数的属性，应该写成 [time,time]。

（五）索引表达式

索引是数据库的专业术语，相当于视图中目录的作用，我们可以根据它快速地找到需要的内容。索引表达式一般书写为 index。以旋转属性为例，来讲解索引表达式。展开变换属性，找到旋转，按住 Alt 键，点击秒表激活表达式，直接输入 index，可以发现旋转值被改为 1 度。我们选中这个图层，按下快捷键 Ctrl+D，复制一层，打开它的旋转属性，可以看到新复制图层的旋转值为 2 度，继续复制一个图层，打开旋转属性，可以看到旋转值是 3 度，以此类推。当然，还可以在索引表达式上进行运算。例如，给旋转输入表达式 index*10，图层的旋转值变成了 10 度，复制这个图层，它的旋转值变成了 20 度，如图 11-1-16 所示。

图 11-1-16　索引表达式

第二节 脚本

脚本是一系列的命令，是一种代替人工执行批量操作的附加程序。用户可以在 After Effects 中使用脚本来自动执行重复性的任务和一些复杂的计算。例如，用户可以指示 After Effects 对一个合成中的图层重新排序、查找和替换文本图层中的源文本，或者在渲染完成时发送一封电子邮件。

After Effects 脚本使用 Adobe ExtendScript 语言，该语言是 JavaScript 的一种扩展形式。脚本文件具有".jsx"和".jsxbin"两种文件扩展名，两者的区别在于".jsx"的脚本开发者把源码向用户开放了，用户可以对脚本进行汉化或者编辑；".jsxbin"的脚本开发者把源码加密了，用户无法再对脚本进行汉化或编辑了。

一、加载和运行脚本

当 After Effects 启动时，它将从"脚本"文件夹加载脚本。对于 After Effects，"脚本"文件夹默认位于以下位置：Program Files\Adobe\Adobe After Effects < 版本 >\Support Files。

After Effects 自带的几个脚本将自动安装在"脚本"文件夹中。

执行菜单命令"文件 > 脚本"，然后就可以选择一个".jsx"或".jsxbin"后缀名的脚本进行运行，也可以执行菜单命令"文件 > 运行脚本文件"，在弹出的对话框里，选择某个脚本就可以运行它，如图 11-2-1 所示。

图 11-2-1 运行脚本

此外，有些脚本还放置在窗口菜单中，如图 11-2-2 所示。

图 11-2-2　窗口菜单中的脚本

在使用脚本之前，一般需要执行菜单命令"编辑 > 首选项 > 脚本和表达式"，在弹出的对话框里，勾选"允许脚本写入文件和访问网络"，否则有些脚本无法使用，如图 11-2-3 所示。

图 11-2-3　使用脚本前的首选项设置

二、脚本的安装

执行菜单命令"文件 > 运行脚本文件"，只是临时运行脚本。如果这个脚本是经常用到的，就需要把它安装到 After Effects 中，进行停靠使用。

After Effects 安装脚本的方法也比较简单，首先，关闭 After Effects，然后把需要安装的脚本，复制到下列路径即可：Program Files\Adobe\Adobe After Effects < 版本 >\Support Files\Scripts，如图 11-2-4 所示。然后，这些脚本可以在"文件 > 脚本"菜单中进行查看和运行。如果把脚本安装到 Scripts 文件夹下的 ScriptUI Panels 文件夹里，那么这些脚本将出现在窗口菜单中。

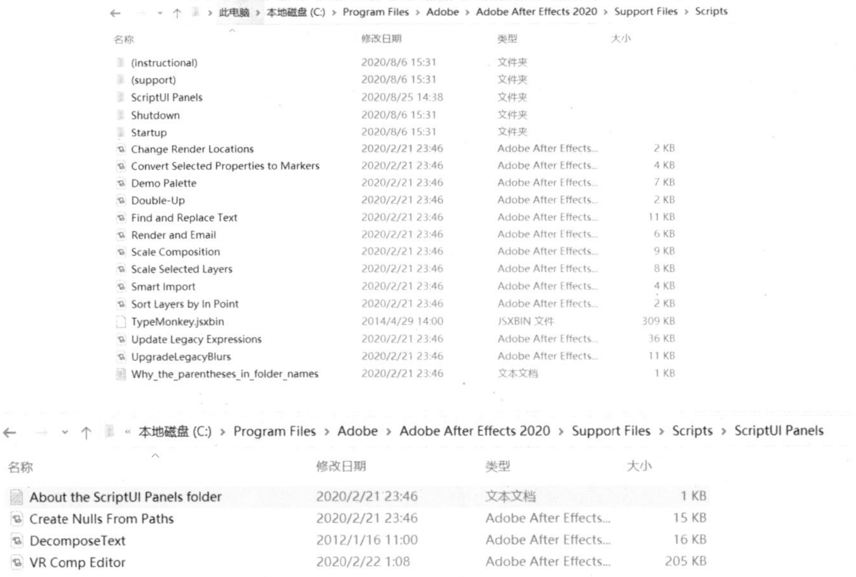

图 11-2-4　Windows 系统的脚本安装路径

如果 After Effects 安装了很多脚本，还可以使用脚本管理器来管理这些脚本。脚本管理器其实也是一个脚本或者扩展，但是它可以对安装的脚本进行更多的管理，常用的脚本管理器有很多，如 FT-Toolbar、Kbar 等。

三、脚本与扩展和插件的区别

扩展是把多个脚本进行打包处理，一般存放在窗口菜单。插件是无中生有，用来创建元素的，而脚本和扩展类似于批量处理的操作。相比较脚本，扩展的功能更多、更强大，如图 11-2-5 所示。

图 11-2-5　After Effects 的扩展

第三节　课堂案例

下面通过三个案例来巩固本章几个重要的知识点——表达式的书写和编辑、脚本的安装和运行、表达式动画的制作和脚本动画的制作。

一、发射的文字

本例知识点

时间表达式的应用。

实践内容

制作文字的表达式动画，复制多个文字，制作文字连环发射的效果。绘制轨道遮罩，模拟制作文字发射后定住的动画效果，最终跟背景素材合成在一起。操作步骤如下。

1. 导入素材

（1）双击项目窗口的空白处，打开"导入文件"对话框，找到本案例配套的素材文件夹"第十一章\课堂案例\发射的文字\素材"，选中素材"人物哈哈大笑.mp4"，点击"导入"按钮，将素材导入项目窗口中。

（2）设置素材的入点和出点。双击素材"人物哈哈大笑.mp4"，打开素材窗口，预览播放素材，设置素材的入点为3秒4帧，出点为5秒，如图11-3-1所示。

图 11-3-1 设置素材的入点和出点

2. 新建合成

将素材"人物哈哈大笑.mp4"拖放到"新建合成"按钮上，创建一个新的合成，重命名为"发射文字"。

3. 制作文字的表达式动画

（1）创建文字层。使用文字工具，在合成窗口输入文字"哈"，在字符窗口设置文字的字体、大小、颜色、描边等参数，如图11-3-2所示。

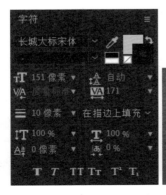

图 11-3-2 创建文字层

（2）制作文字的表达式动画。展开文字层的变换属性，按下 Alt 键的同时，点击位置属性前的秒表按钮，为位置属性添加一个表达式动画，在时间线窗口右侧的编辑区域输入表达式"[position[0]+time*900,position[1]–time*600]"。用同样的方法，继续给缩放添加一个表达式"[0+time*200,0+time*200]"，此时，文字从左向右上方运动，同时，比例由小变大，如图 11-3-3 所示。

图 11-3-3　制作文字层的表达式动画

（3）制作预合成。选中文字层，右击，在弹出的快捷菜单中，选择命令"预合成"，将文字层变成一个合成，并命名为"文字动画"，如图 11-3-4 所示。

图 11-3-4　制作预合成

（4）复制多个文字。选中预合成"文字动画"，按下快捷键 Ctrl+D，复制 4 个图层，然后，在时间线窗口拖动每个图层的入点位置，使其按时间依次出现，如图 11-3-5 所示。

图 11-3-5　复制多个文字

（5）再次制作预合成。框选 5 个预合成，右击，在弹出的快捷菜单中，选择命令"预合成"，将这 5 个预合成再次变成 1 个合成，并命名为"总动画"。

4.最终合成

（1）制作不透明度表达式动画。展开预合成"总动画"的变换属性，按下 Alt 键的同时，点击不透明度属性前的秒表按钮，为它添加一个表达式动画，在时间线窗口右侧的编辑区域输入表达式"100-time*200"，如图 11-3-6 所示。

图 11-3-6　制作不透明度表达式动画

（2）复制文字层。打开合成"文字动画"，选中文字层，按下快捷键 Ctrl+C，复制该图层，并粘贴到合成"发射文字"里。

（3）调整文字的位置。删掉文字层的所有表达式动画，并调整它在合成窗口的位置和比例，同时，调整图层"总动画"的位置，使它们看起来像一串文字，如图 11-3-7 所示。

图 11-3-7　调整文字的位置和比例

（4）应用轨道遮罩。执行菜单命令"文件 > 新建 > 纯色"，新建一个灰色的纯色层，将其命名为"轨道遮罩"。将其不透明度调整为 0，然后使用钢笔工具，沿着下层文字"哈"的边缘绘制一个蒙版。蒙版绘制完毕，将纯色层放置在"总动画"层上方，将不透明度重新调整为 100%，并设置"总动画"层的轨道遮罩模式为"Alpha 遮罩'轨道遮罩'"，如图 11-3-8 所示。

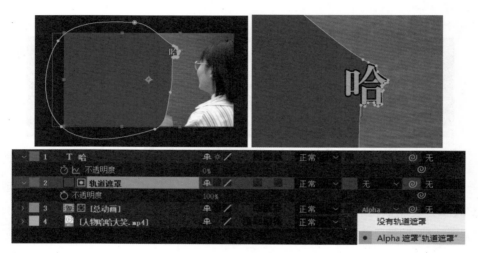

图 11-3-8　应用轨道遮罩

（5）为文字层创建不透明度动画。展开文字层，14 帧处，设置不透明度为 0，并添加一个关键帧动画；20 帧处，更改不透明度的数值为 100%；24 帧处，继续添加一个关键帧动画，不透明度的参数不变；27 帧处，更改不透明度为 0。

（6）至此，发射的文字效果制作完毕，按下空格键播放预览，案例的最终效果，如图 11-3-9 所示。

图 11-3-9　最终效果

二、快闪文字制作

🖱 **本例知识点**

　　脚本的安装。

　　脚本 TypeMonkey 的应用。

🖱 **实践内容**

　　把脚本 TypeMonkey 安装到 After Effects 中，重新启动 After Effects，打开脚本 TypeMonkey 的对话框，把提前写好的文字复制到对话框，然后设置快闪文字的动画效果，操作步骤如下。

1. 安装脚本

　　关闭 After Effects，把脚本"TypeMonkey.jsxbin"，复制到下列路径：Program Files\Adobe\Adobe After Effects <版本>\Support Files\Scripts\ScriptUI Panels 文件夹下，如图 11-3-10 所示。

图 11-3-10　安装脚本

2. 制作快闪文字

　　（1）新建合成。再次打开软件 After Effects，执行菜单命令"合成 > 新建合成"，新建一个高清制式的合成，命名为"快闪文字"，如图 11-3-11 所示。

　　（2）设置字体。打开字符窗口，在字体浏览框里，选择一种合适的字体，其他设置采用默认即可。

　　（3）调用脚本。打开窗口菜单，找到脚本"TypeMonkey.jsxbin"，单击它，打开脚本对话框，如图 11-3-12 所示。

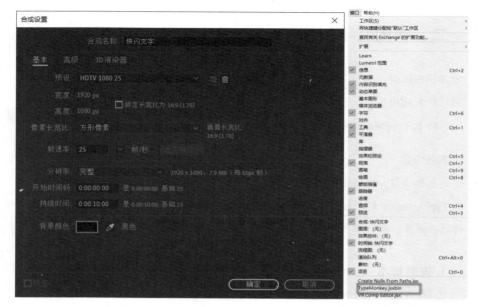

图 11-3-11　新建合成　　　　　　　　　　图 11-3-12　调用脚本

（4）应用脚本。在脚本对话框，把提前写好的文字，粘贴到文本框，然后设置字体的颜色为黄色和淡绿色，设置文字的动画形式为"Ease In"，其他参数采用默认，设置完毕后，点击"DO IT!"按钮，自动执行脚本，完成文字动画，如图 11-3-13 所示。

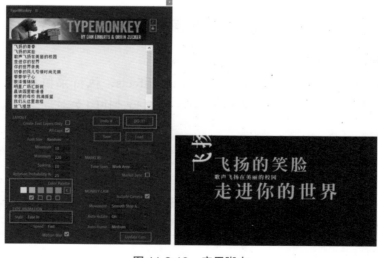

图 11-3-13　应用脚本

（5）调整快闪文字的效果。预览播放，如果对快闪文字的效果不满意，可以先单击"Undo it"按钮，在弹出的对话框选择"No"，然后重新设置脚本对话框的相关参数。例如，在文本输入框给部分文字添加中括号等符号，再次单击"DO IT!"按钮，自动执行脚本，完成文字动画，如图 11-3-14 所示。

图 11-3-14　重新制作快闪文字效果

3. 最终合成

（1）创建背景层。执行菜单命令"图层 > 新建 > 纯色"，创建一个灰色的纯色层，大小与合成一致，将其命名为"背景"，并放置到合成的最后一层，如图 11-3-15 所示。

图 11-3-15　创建背景层

（2）执行菜单命令"效果 > 生成 > 梯度渐变"，为纯色层填充一个渐变色，具体参数，如图 11-3-16 所示。

图 11-3-16　为背景层添加梯度渐变

（3）至此，快闪文字效果制作完毕，按下空格键播放预览，案例的最终效果，如图 11-3-17 所示。

图 11-3-17　最终效果

三、批量制作同期声字幕

🖑 **本例知识点**

DecomposeText v2.2 脚本的应用。

🖑 **实践内容**

将同期声字幕在 Word 里编辑好，并将文字复制到文字层，逐行排列。运行脚本 DecomposeText v2.2，让同期声字幕每行分解为一个文字图层，让每个文字层的持续时间为 1 帧，并序列排列，最后导出 PNG 格式的文件，让每行文字单独以一张图片的形式保存。操作步骤如下。

1. 新建合成

执行菜单命令"合成 > 新建合成"，新建一个高清制式的合成，命名为"批量制作同期声字幕"，持续时间为 1 秒。

2. 创建文字层

（1）使用工具栏的文字工具，新建一个文字层，把提前在 Word 里编辑好的同期声字幕，复制到文字层中。设置文字的字体为"长城大标宋体"，字号为"40 像素"，颜色为白色，描边为黑色，描边宽度为"4 像素"，如图 11-3-18 所示。

（2）调整文字的位置。在合成窗口，右击下方的"选择网格和参考线选项"按钮，调出字幕安全框，把文字的第一行放置在字幕安全框的上方，如图 11-3-19 所示。

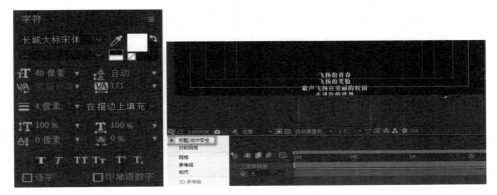

图 11-3-18　编辑文字样式　　　　　图 11-3-19　调整文字的位置

3. 批量制作同期声字幕

（1）选中文字层，执行菜单命令"文件 > 脚本 > 运行脚本文件"，在弹出的对话框里，找到存放在电脑中的 DecomposeText v2.2 脚本，单击该脚本，在弹出的对话框里，设置模式为"单独成线"，然后点击"分解"按钮，如图 11-3-20 所示。

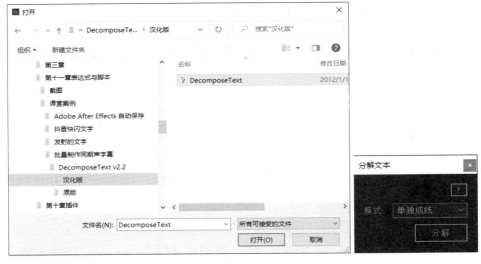

图 11-3-20　运行脚本

软件自动执行脚本命令，段落文字被分解为一行行的文字，如图 11-3-21 所示。

图 11-3-21　生成批量字幕

（2）修改字幕的长度。把"图层 15"删掉，按照从上往下的顺序选中 1—14 层字幕，将时间指针放到 1 帧处，按下快捷键 Alt+]，把所有图层的出点设置为 1 帧处。执行菜单命令"动画 > 关键帧辅助 > 序列图层"，将 14 个图层按顺序排列在时间线上，如图 11-3-22 所示。

图 11-3-22　序列图层

4. 输出字幕

（1）输出字幕。将时间指针放到合成的 13 帧处，按下快捷键 N，设置合成的出点为 13 帧处。执行菜单命令"合成 > 添加到渲染队列"，打开渲染队列窗口。点击"输出模块"，在弹出的对话框里，设置输出"格式"为"PNG"序列，视频输出"通道"选择 RGB+Alpha，其他参数采用默认设置。点击"输出到"，在弹出的对话框里，设置输出文件的名称和路径。设置完毕后，点击"渲染"按钮，将批量字幕渲染输出，如图 11-3-23 所示。

（2）至此，批量字幕已经制作完毕，可以将其导入 Premiere 等编辑软件，跟视频素材进行合成。案例的最终效果，如图 11-3-24 所示。

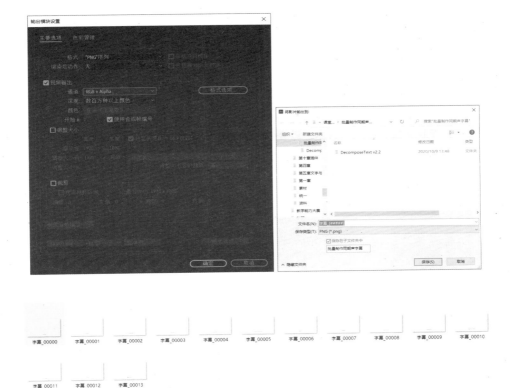

图 11-3-23　输出批量字幕

图 11-3-24　最终效果

🖰 **本章小结**

　　本章主要学习了脚本和表达式的相关知识，包括表达式的语法规则、表达式的书写、脚本的安装和运行，还介绍了几个常用的表达式及其书写规范。同时，通过三个课堂案例，加深了对上述知识点的理解和运用。

🖱 **思考与练习**

1. 想一想并动手试一试，有哪些方法可以实现一个层的属性影响另一个层的属性？

2. 利用表达式，制作一个蝴蝶翅膀飞舞的动画。

3. 下载一款文字脚本，制作文字缓入缓出的动画。

4. 下载一款 MG 动画脚本，结合钢笔和矩形工具，制作一小段 MG 动画。

主要

参考书目

［1］布里·根希尔德，丽莎·弗里斯玛. Adobe After Effects CC 2019 经典教程（彩色版）［M］. 武传海，译. 北京：人民邮电出版社，2019.

［2］李军. After Effects CC 影视特效制作案例教程［M］. 北京：清华大学出版社，2020.

［3］陈奕，陈珊. After Effects CC 数字影视合成案例教程［M］. 北京：人民邮电出版社，2020.

［4］唯美世界. After Effects CC 从入门到精通（微课视频全彩版）［M］. 北京：中国水利水电出版社，2019.

［5］魏玉勇. After Effects CC 影视特效设计与制作案例课堂［M］. 第 2 版. 北京：清华大学出版社，2018.

［6］吴桢，王志新，纪春明. After Effects CC 影视后期制作实战从入门到精通［M］. 北京：人民邮电出版社，2017.

［7］王文瑞. 数字影视特效制作技法解析［M］. 北京：中国纺织出版社，2020.

［8］胡蓉. 世界影视特效经典：公司·营销·创意［M］. 北京：中国传媒大学出版社，2012.

［9］董浩. After Effects 特效合成完全攻略［M］. 北京：清华大学出版社，2016.

［10］尹小港. 新编 After Effects CC 标准教程［M］. 北京：海洋出版社，2014.

［11］贺建萍. 数字特技制作［M］. 北京：北京师范大学出版社，2017.

［12］王红卫，骆舒. After Effects CS4 影视栏目包装特效完美表现［M］. 北京：清华大学出版社，2010.

［13］金日龙. After Effects 影视后期制作标准教程（CS4 版）［M］. 北京：人民邮电出版社，2011.

［14］子午数码影视动画. After Effects 7.0 完全自学手册［M］. 北京：
海洋出版社，2007.

［15］彭超，姚迪，于冬雪，等. After Effects CS4 完全学习手册［M］.
北京：人民邮电出版社，2009.

图书在版编目（CIP）数据

After Effects CC影视特效设计与制作/冯春燕主编. —北京：中国
国际广播出版社，2020.12
ISBN 978-7-5078-4787-1

Ⅰ.①A… Ⅱ.①冯… Ⅲ.①图像处理软件 Ⅳ.①TP391.41

中国版本图书馆CIP数据核字（2020）第239671号

After Effects CC影视特效设计与制作

主　　编	冯春燕
副 主 编	段兰霏　陈　思　徐　琳
责任编辑	章　玲
校　　对	张　娜
版式设计	邢秀娟
封面设计	赵冰波

出版发行	中国国际广播出版社有限公司〔010-89508207（传真）〕
社　　址	北京市丰台区榴乡路88号石榴中心2号楼1701
	邮编：100079
印　　刷	环球东方（北京）印务有限公司

开　　本	710×1000　1/16
字　　数	350千字
印　　张	26
版　　次	2020 年 12 月　北京第一版
印　　次	2020 年 12 月　第一次印刷
定　　价	65.00 元